一看就懂

穿搭术

Dress up

旋旋 著

江苏人民出版社

图书在版编目（CIP）数据

一看就懂穿搭术 / 旋旋著. -- 南京 : 江苏人民出版社, 2022.7（2024.4重印）

ISBN 978-7-214-27241-6

Ⅰ. ①一… Ⅱ. ①旋… Ⅲ. ①女性－服饰美学 Ⅳ. ①TS973.4

中国版本图书馆CIP数据核字(2022)第108489号

书名	一看就懂穿搭术
著者	旋旋
项目策划	凤凰空间 / 翟永梅
责任编辑	刘 焱
装帧设计	毛欣明
特约编辑	翟永梅
出版发行	江苏人民出版社
出版社地址	南京市湖南路1号A楼，邮编：210009
出版社网址	http://www.jspph.com
总经销	天津凤凰空间文化传媒有限公司
总经销网址	http://www.ifengspace.cn
印刷	雅迪云印（天津）科技有限公司
开本	889 mm×1 194 mm 1/32
印张	5
版次	2022年7月第1版 2024年4月第2次印刷
标准书号	ISBN 978-7-214-27241-6
定价	49.80元

（江苏人民出版社图书凡印装错误可向承印厂调换）

前言

很多人，特别是女性，提起服装穿搭就头疼，并不是因为衣服少没得穿，反而是衣服太多导致选不出衣服来穿，尤其是现代便捷的购买方式，让很多人都囤积了一柜子的衣服。明明已经有那么多，但还是感觉一到关键场合就没有合适的衣服了，要开会、要出差、要相亲、同学会……想想都感觉头疼。即使正常的换季、上班，是不是也有很多人想不起去年穿了什么？

所以，早日学会穿搭，以上烦恼都可以避免，你也不用一直买买买、扔扔扔，还美其名曰“断舍离”。学会穿搭会让买衣服的件数越来越少，穿的次数越来越多，越美越省钱。

可能很多小伙伴都觉得穿搭好难，否则自己怎么可能直到现在还不会？

其实学会穿搭一点儿也不难，只要照着书里的方法做，不但可以解决自己的穿搭问题，而且连女儿和妈妈的穿搭问题都一并解决了。

作为一名专业的形象设计师，我利用其中的方法帮助了全球 16 个国家的共计 3 万余名小伙伴一起变美。通过不断地给女性朋友打造形象，我更加坚信，世上根本没有丑的人，只有没挖掘出自己特色的人，别人眼里的丑女孩，其实都是一群“沉睡的美人”。

所以，你要不要试试？

好啦，我把所有的穿搭经验都浓缩在本书的内容里了，快来跟着我一起变美吧！

旋旋

2022年6月

目 录

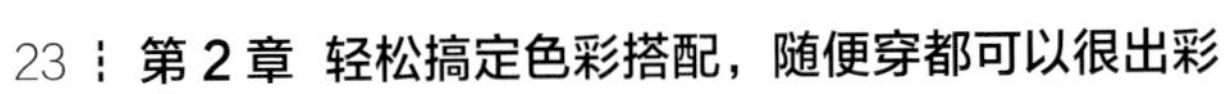

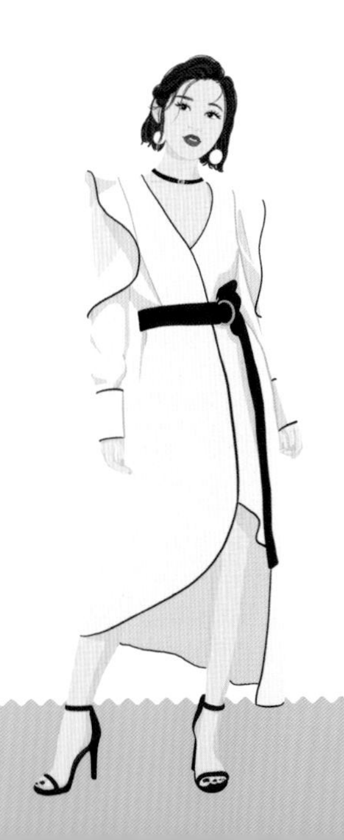

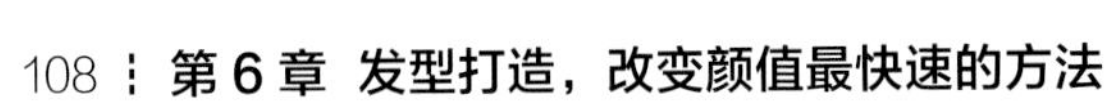

第 1 章
找到专属显白色，拒绝路人黑白灰

所谓“远看色彩近看花”，说起穿搭，首先要学习的就是色彩搭配。你们看到的土气的搭配，大部分在配色上就出现了问题。比如下面两组穿搭，可以很直观地看出是配色出了问题。

- **错误的配色：** 太亮的色彩很难驾驭。
- **改善方案一：** 降低鲜艳度，整体搭配更协调。
- **改善方案二：** 只保留一个鲜艳色，穿搭更高级。

- **错误的配色：**全身颜色超过 3 个会产生凌乱感。
- **改善方案一：**色彩控制在 3 个以内，且尽量不要太鲜艳。
- **改善方案二：**减少色彩数量，用同色系。

学会配色就可以随意穿搭了吗？这里我们先要明确一个概念：服装的颜色一定要跟自己的肤色相匹配，因为每个人的肤色不同，适合别人的服装颜色不一定适合自己。所以，能否精准找到适合自己的颜色就成了关键。

想要找到适合自己的服装颜色，首先需要进行个人肤色的测试。肤色从大类来讲可以分为暖色和冷色。那么，什么是暖色、什么是冷色呢？可以这样来感受一下：像太阳一样给人温暖感的橘色、红色等都属于暖色；像海水一样给人冰冷感的蓝色、紫色等都属于冷色；介于两者之间的则是可冷可暖的自然色。

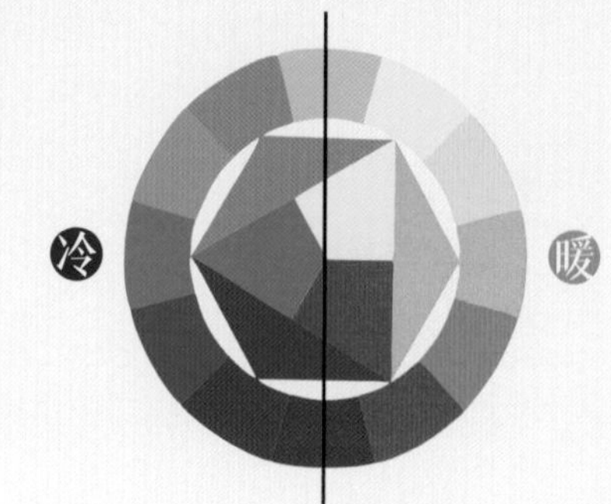

只要找到你的专属色，不用靠化妆，衣服的颜色就会把皮肤衬得白上几个度，还能穿出你的专属气质。

如何测试呢？这里教给你一个简单的方法：

我们可以用橘色、凫色、蓝色、玫红四种颜色给自己做肤色测试。橘色代表极暖色、凫色代表偏暖色、蓝色代表极冷色、玫红代表偏冷色，你的脸在哪种颜色的衬托下更美，哪种颜色就更适合你，你就是哪种肤色。

测试的方法很简单：在自然光的状态下，把色块分别放到脸部下方观察，合适的颜色会让你的皮肤显得更加白皙有气色，脸上的瑕疵、斑点几乎看不到；不合适的颜色，不仅会让你显得又黄又黑，法令纹、鱼尾纹严重，还会使脸上的斑点变得清晰。

你也可以邀请闺蜜来帮你一起看。

极暖色

RGB R: 255 G: 128 B: 0

CMYK C: 255 M: 128 Y: 0 K : 0

拿起本书，放在面部下方，在自然光线下观察。

偏暖色

RGB R: 24 G: 96 B: 111

CMYK C: 89 M: 59 Y: 52 K : 7

极冷色

RGB R: 0 G: 30 B: 164

CMYK C : 100 M: 93 Y : 7 K : 0

偏冷色

RGB R: 237 G:47 B: 129

CMYK C : 8 M:90 Y: 20 K : 0

1. 冷肤色人穿搭配色与彩妆

测出肤色是冷色的人，以下的穿搭色盘更适合你：

冷肤色人最佳服装色彩搭配方案：

大面积冷色 + 小面积暖色点缀

如果你是体形偏小巧的人，可以把亮色调的服装、饰品放在上半身，有提升视觉、拉高身长的作用。

不同肤色适合的彩妆也不同，跟冷肤色人更搭的彩妆可以从如下推荐中选择：

粉底	粉调	自然调		
眉毛	灰棕	黑灰		
眼线	棕色	黑棕	黑色	
眼影	紫色系	粉色系	酒红色系	大地色系
口红	紫色系	粉色系	酒红色系	正红
腮红	红粉色	玫瑰粉		

这是位测试出为冷肤色的小姐姐，当她穿暖色衣服时，容易显得肤色暗沉、没有精神。换成比较清爽的冷色衣服后，整个人看起来都轻盈了不少，且冷色在耳饰、内搭等细节处皆有运用，颜值自然而然就提升了。

如果你实在很喜欢除了上面色盘以外的颜色，可以参考这位小姐姐，将此种颜色用在下装或者提包等离脸比较远的地方。

2. 暖肤色人穿搭配色与彩妆

测出肤色是暖色的人，请领走以下穿搭色盘：

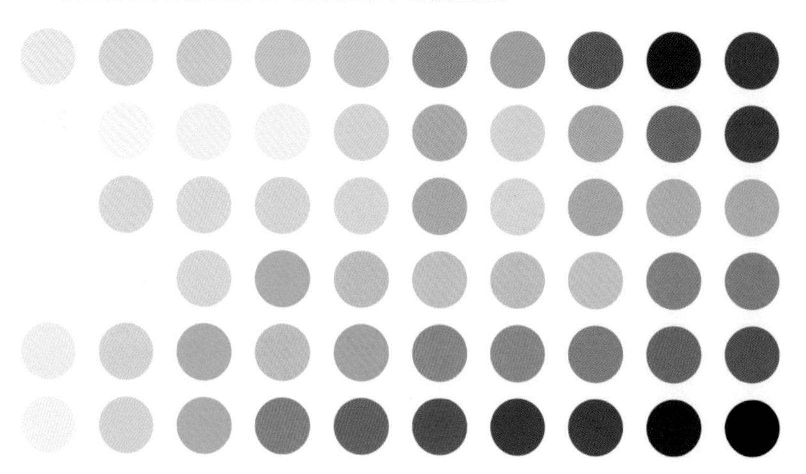

暖肤色人最佳服装色彩搭配方案：

大面积暖色 + 小面积冷色点缀

注意，整体搭配中，将冲突的冷色适当上移也会让人显得身材高挑。

彩妆

暖肤色人的彩妆可以参考以下几种：

粉底	黄调	自然调		
眉毛	深咖	灰棕	浅咖	
眼线	咖色	黑灰	黑色	
眼影	橘色系	粉色系	南瓜色系	大地色系
口红	橘色系	粉色系	南瓜色系	正红
腮红	粉橘色	橘红色		

暖肤色人形象打造

案例参考

这位“小仙女”测出来是暖肤色，所以选择带有太阳般暖意的色彩，会让她整个人看起来更加温暖明媚。再加上小姐姐的五官比较立体且骨骼感偏强，选择偏硬材质的外套，再加上妆发的加持，是非常容易呈现出“港风”效果的。

3. 自然肤色人穿搭配色与彩妆

如果你是介于偏冷与偏暖之间的自然肤色，就可以使用以下色盘：

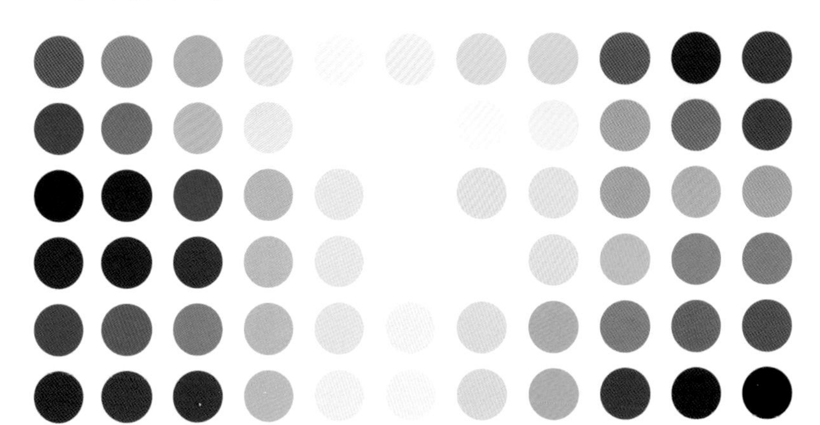

只要避开极暖的橙色系和极冷的蓝色系，其他色彩在化妆的前提下影响都不大。相对而言，这种肤色的人，用色区间是最广的。

自然肤色人的彩妆可以参考以下几种：

粉底	自然调			
眉毛	深咖	灰棕	浅咖	
眼线	咖色	黑灰	黑色	
眼影	南瓜色系	粉色系	酒红色系	大地色系
口红	橘色系	粉色系	酒红色系	正红
腮红	粉紫色	粉橘色	橘红色	

这位小姐姐属于基本不挑颜色的自然肤色，尤其是在化了妆之后，对服装色彩的驾驭能力再次提升，只需注意服装版型搭配即可。她的面部线条圆润，更适合一些材质柔软的服装，不出大的错误，都能打造出年轻可爱的感觉来。

如果你喜欢某些颜色，但是又不适合自己的肤色，该怎么办？

这里教你用两种方法来化解：

化妆，妆容可以很大程度上改变你的原有肤色，使之与服装颜色更协调。

让该种颜色的衣服或配饰远离面部，比如半裙等。

爱美的你，学会了吗？

第 2 章 轻松搞定色彩搭配，随便穿都可以很出彩

找到了适合自己的色彩，恭喜你完成了第一步，那么要如何运用这些色彩才能更好地达到变美的效果呢？

悄悄告诉你，下面的万能色彩搭配公式甚至是很多服装设计师都不知道的，这是我们团队通过对 30 000 多名用户的变美改造实例总结出来的，那就是：

面积配比法 + 色彩借鉴法 = 万能色彩搭配法

1. 面积配比法

面积配比法的核心就是控制好用色面积，其中的配比是指用色比例，即 6 ：3 ：1。只要接近这个配色面积比例，搭配出的效果都不会太差。

（1）6 ∶ 3 ∶ 1 的同色系运用

同色系运用很简单，只要按照面积配比把同一色系的颜色搭在一起即可。例如下面模特所穿的衣服都属于黄色系，外套、内搭、鞋子按照6 ∶ 3 ∶ 1的用色面积来配比，显得非常和谐。

（2）6 ： 3 ： 1 的无彩色搭配

如果既想要颜色有跳跃性，又想不出错，可以大面积使用黑白灰，小面积使用你喜欢的颜色，再用更小的面积搭配其他颜色。

这时候要注意：最好身上还有个单品是呼应其中一个颜色的，比如上衣呼应鞋子、外套呼应裤子，没有呼应就成不了整体。

（3）6 ∶ 3 ∶ 1 的高饱和用色搭配

如果你追求时尚，想要成为时尚达人，就要选择饱和度高、比较鲜亮的颜色进行搭配，这样就可以成为人群中的焦点，无论你如何切换颜色，基本都错不了。

这里有一个建议，如果大面积用暖色，那么小面积点缀就用冷色；如果大面积用冷色，那么小面积点缀就用暖色。也就是说尽量让最大面积和最小面积的用色是色相环上的两个极端。

还有一点需要注意，穿高饱和色的衣服，需要化比较浓的妆。衣服鲜艳了，面部色彩强烈才能更协调，这样出门，保证你就是最靓的那个。

2. 色彩借鉴法

如果在搭配的时候脑子里完全没有概念，面积配比法无从下手，这里还有一招，即启用色彩借鉴法。掌握了这个方法，就算是零基础也能快速找到灵感，赶超专业色彩搭配师，你的审美会也在不知不觉中快速提升。

色彩借鉴一共三大招法，请收好。

（1）色彩照搬法

色彩照搬法，就是照搬你所喜爱的事物的配色。只有喜欢，才能与你心意相通，才能穿出你的个人气质。假如你热爱大自然，即使从一片树叶中也能获得启发。

图中这片树叶是由大片绿色 + 小片棕色组成，这样我们的穿搭思路就有了，那就是大面积绿色 + 小面积棕色。

如果你喜欢美食，就可以通过美食来联想搭配。比如甜甜圈，我看中了橘色那个，就可以按照橘色去做搭配。假如你看中了粉色甜甜圈，也可以将它的配色作为搭配灵感。

再来个高级点的。很多人觉得看画展是艺术工作者的事，实际上，名画除了技法高超，它的用色一定是讲究的、和谐的，具有独特美感的。身为普通人的我们，在没有穿搭配色灵感时，按照名画中的色彩搭配来进行服装配色，效果通常是不错的。比如下面这幅画，绝对是穿搭灵感好来源。

照搬画中色彩，以及按照对应面积配比法，大面积的黑与蓝中点缀小面积的跳跃红，轻松搭配出名画般的着装效果。

（2）色彩联想法

如果你不想购置新衣服，只想把衣柜中现有的衣物进行合理的再搭配，请看第二招：色彩联想法。

联想含有你要搭配颜色的任何喜欢的东西，比如你要搭配一件黄色衣服，就可以联想树上挂着的黄色果实 ，或是切开的柠檬，也就是黄色 + 白色。

黄色占了大面积，白色占了小面积，按照面积配比法就可以轻松搭配出理想的效果。

比如你有一件蓝色的衣服，搭配时就可以联想蓝色的海浪翻滚在金色沙滩上的场景。

场景中有蓝色、白色、黄色三种颜色，可以选择蓝色与黄色中的一个作为主色，其他作为点缀色，搭配方案就出来啦。

记住，所有的搭配一定要有主有次。色彩借鉴法和面积配比法并配合使用，效果更佳。

（3）色彩提取法

通过前文我们已经知道，当脑海中没有概念的时候要如何去找灵感，也知道了如何根据现有颜色去寻求合适的色彩搭配。但是，如果遇到花得难以看出哪种颜色是主色的衣服，该如何搭配呢？

其实也很简单，用色彩提取法就可以了，比如下面这件花衬衣：

大家可以先试想下，怎么搭配比较合理，是不是很难？

其实，只要是衣服里出现的颜色，都可以提取一遍，作为下装或者配饰的颜色。但要遵守保持大面积是一种颜色的原则，其他小面积，爱怎么搭，就怎么搭。

举个例子，当我们提取蓝色作为主色时，效果是不是很不错？

我们还可以提取红色作为主色，其他颜色作为配色。

当我们提取黄色作为主色、其他颜色作为配色时，又一种效果自然而然地出来了。

看到这里，是不是有种豁然开朗的感觉？所有的色彩搭配问题都可以运用以上方法轻松解决。

第3章 打造节奏感穿搭，普通衣物秒变高级

日常生活中，你是否有过这种感受：有的单看每件衣服都很简单、很普通，但是搭在一起却很有味道；而有的衣服很贵、很有设计感，但搭在一起要么邋里邋遢，要么奇奇怪怪。之所以会出现这种单件衣服好看、搭在一起反而减分的情况，极大可能是因为没有把握好穿衣的节奏感。

都说成功的人生要一波三折才够精彩，那么穿搭上也一定要有“波折”，即节奏感，才够出彩。

什么是穿搭的节奏感？就是你的上衣、下装或配饰中必须有冲突的部分，比如有松必有紧、有长必有短、有大必有小。带有一些冲突的穿搭，会更耐看。

这里，我要献上9大节奏感穿搭秘诀，只要记住它们，造型随心选。

1. 上长下短

上长下短的搭配适合打造年轻俏皮的感觉，非常减龄。但如果你是轻熟女性，或长相偏成熟的话则不太适合哦。另外，如果你个子过矮，也要慎重选择此种穿搭法，因为当你所穿衣服的颜色和肤色不匹配的时候，整个人看上去就像被分成了一段一段的，更加显矮。

选择此种搭配方法时，可以让袜子和鞋子都是与肤色匹配的颜色，即第1章所讲的专属色，这会让你显得更加高挑。

2. 上短下长

上短下长是所有搭配法中最显身材高挑的一种穿搭，无论是高个子还是矮个子，这么穿绝对没错。

小个子在这样穿的时候要注意，裤腿一定要盖过高跟鞋跟，这样能达到拉长腿形的效果。但也要注意，裤子不能穿得过于肥大，以免横向拉宽线条，重心下移，更加显矮。

3. 上松下紧

这是一种比较有女人味的穿搭造型，尤其是对觉得自己头大的小伙伴来说，这种穿搭方式会显得脸小。

这种穿搭不适合肩宽的小伙伴，会让你看上去头重脚轻。另外如果屁股比较塌，也不太推荐这种穿搭方式。

4. 上紧下松

上紧下松属于最具中国古典美、端庄优雅的一种穿搭，想要展现自己大家闺秀的风范，不妨试试这种穿搭法。

5. 外长内短

从正面看，这种穿搭会让你显得更轻盈，也更高挑。但如果外套过长容易显得拖沓，这个时候减短内搭，会让整体穿搭更具节奏感。

小个子在选择这种搭配的时候要注意，外套版型不能过大，横向加宽相当于变相显矮，最好选择肩线合适的衣服。

6. 外短内长

这种方法，里面穿得比较多的是宽松的裙子。此时，外套的长度决定了腰线的视觉高低，外套越短，腰线越高，就越显高。但是如果外套与内搭是同色系，外套的长度可以适当放宽要求。

值得注意的是，外套很短的话，在气场上其实是压不住内搭的，这时需要外套的材质比内搭更厚实，才能够显得整体平衡。

7. 外紧内松

这种造型，有点像文艺复兴时期的贵族穿搭，经典又耐看。常见的就是宽松的衬衫内搭 + 紧身的小马甲，这样的穿搭既能显腰身，又能遮肚子。

如果你是 O 形身材，但是腿很细，那这种穿搭 + 露腿，一定会让你超级显瘦、显高。

8. 外松内紧

这是最日常的一种穿搭，几乎没有难度。想要穿出彩，可以运用前文所讲的色彩搭配法，让普通的衣服变得不普通。

9. 有繁有简

穿搭的目的是要让人眼前一亮，但是又不能全身上下都是亮点，此时，焦点打造就很重要。比如可以把造型繁复的和造型简洁的衣服做搭配、把色彩艳丽的和色彩单一的衣服做搭配，这样既有耐看的层次感，又不会显得烦琐凌乱。

这里要注意的是，如果你个子小巧，尽量要把让人眼前一亮的焦点放在上半身，可以起到拉高身形的作用。

第 4 章 快速打造风格，轻松驾驭各类气质形象

认真学完本章，你简直是超级优秀啦，无论是作为父母还是儿女，无论日常休闲还是重要场合，无论人生在哪个阶段，只要拥有这份穿搭清单，照着搭配照着买，所有的穿搭你都可以轻松驾驭。

想知道自己是什么风格，先要了解什么叫作风格。风格的意思是把所有拥有相同性质的不同物体放在一起，从而在整体上形成某种氛围，这种氛围就叫作风格。这也是为什么明明不好看的照片，用上滤镜就好看很多，因为它让每个事物都带上了相同的色调，这样就有了统一的风格。所以，能不能穿出有品质的风格，找到对应有相同特质、能形成风格的匹配单品就很重要了。

这里，给大家整理了常见又好用的四大风格，大家照着风格清单搭配，可以轻松穿出风格、穿出气质。

注意：对于四大风格，我会分为以下三个维度给大家介绍：

色彩　图案　款式

只要定好这三大维度，大家就可以任意组合。三个维度中任选两个进行搭配就可以穿出你想塑造的风格，穿出对的味道。

4 种风格中对应的色彩、图案和款式都可以任意转换，图片上的组合只是示范。

1. 减龄少女风

如果你是刚进入职场或者还没有毕业的小仙女，那么恭喜你，这组一定入得了你的法眼。如果家里有小公主，再次恭喜你，你家小公主一定会超爱这个减龄少女风的搭配。

- **推荐色彩：**公主最爱的冰激凌色。轻快的色彩会传递活泼感、活力感。
- **适合年龄：**1 ~ 25 岁。
- **适合肤色：**偏白（化妆后也可适当穿）。
- **适合人群：**长相可爱甜美、年轻有活力的人群。

推荐色彩

图案元素

这个系列的特点是会用到很多可爱的图案，比如蝴蝶结、爱心和碎花等。

根据整体的风格方向，我给大家整理出了整个系列的单品，图案和颜色可以运用在以下的任意单品上，小伙伴们去购买的时候，只要买对应的款式就可以啦。

减龄少女风单品
上衣

针织马甲
白衬衫
娃娃领衬衫
拉夫领衬衫
波点图案上衣
泡泡袖
针织打底衫
一字肩雪纺衫
蝴蝶结图案上衣

减龄少女风单品
连衣裙/裤
雪纺连衣裙
宫廷风连衣裙
蝴蝶结图案连衣裙
牛仔背带裤
爱心图案连衣裙
木耳边连衣裙

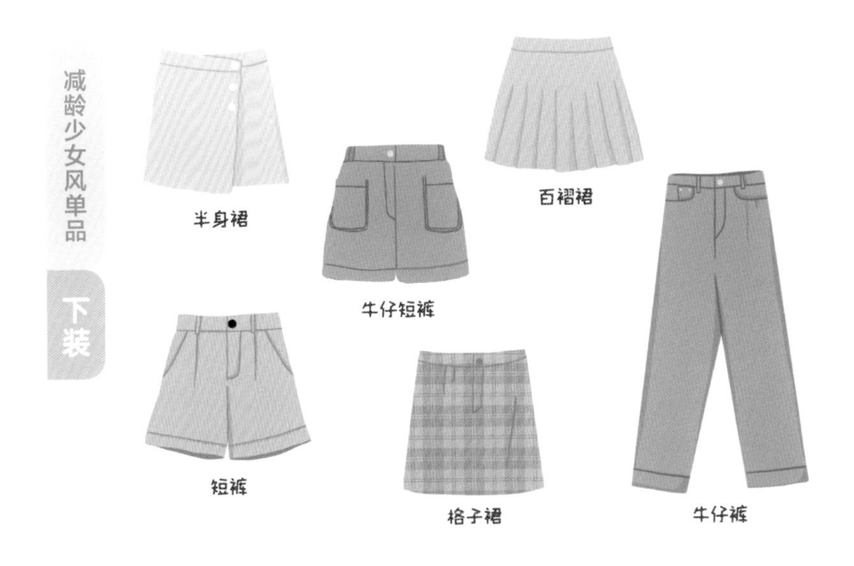
减龄少女风单品
下装
半身裙
牛仔短裤
百褶裙
短裤
格子裙
牛仔裤

减龄少女风单品
配饰(包)
小猪包
水桶包
双肩包
帆布包
贝壳包
小方包
小圆包

减龄少女风单品

配饰（鞋帽、首饰）

高跟玛丽珍鞋

平底玛丽珍鞋

小皮鞋

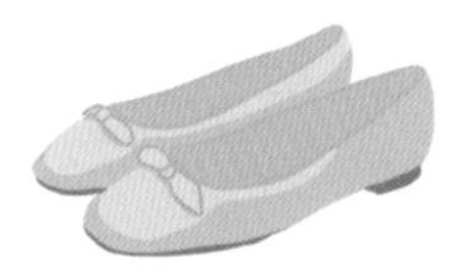
圆头平底鞋

板鞋

运动鞋

丸子帽

渔夫帽

贝雷帽

平顶小礼帽

颈链

丝巾

有了这些单品，就可以任意组合了。没错，就是可以很任性地随意搭配，你会发现怎么搭配基本都不会出错。

如果担心秋冬季露腿有点冷，可以搭配一双燕麦色、白色或灰色的打底袜，会显得超级可爱。

打底袜的使用原则：

尽量选择跟裤装或裙装相接近的颜色，这样会显得身材更加高挑。

以上给到的几个条件，只要满足其中的一两个，就可以呈现出少女感了。下面我们通过实例，介绍一下在现实生活中小伙伴们应该如何运用。

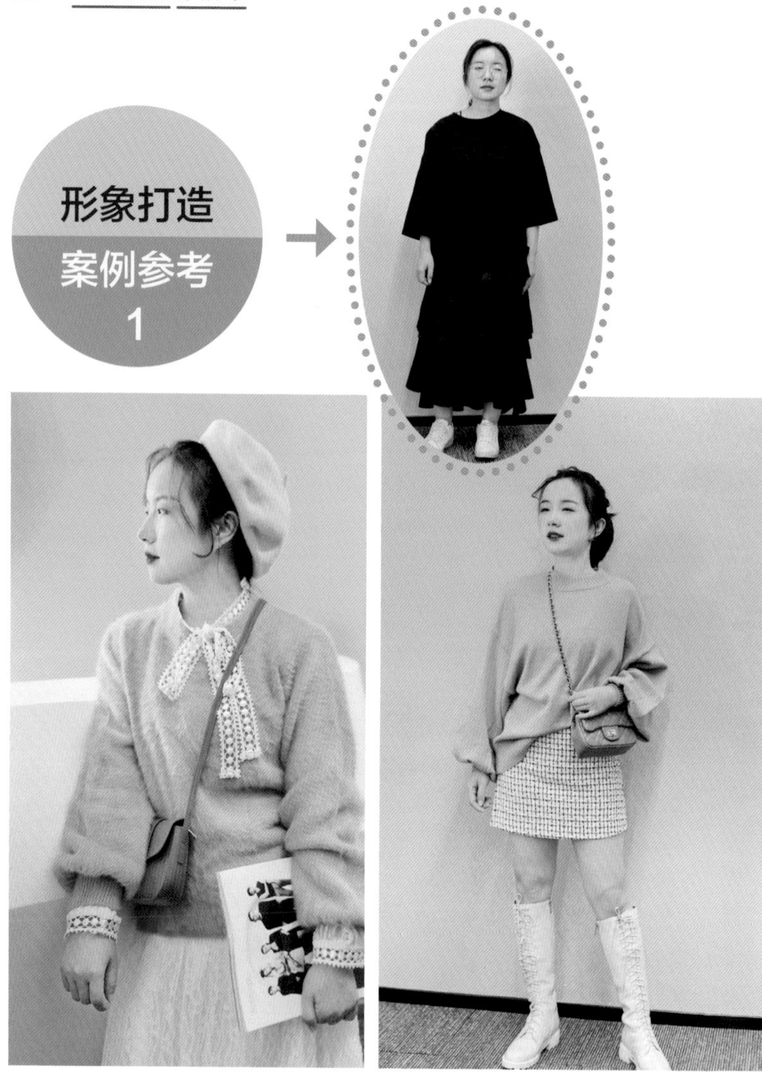

标准少女风：少女感最忌讳的就是深、长、宽的衣服，这里把黑色换成色盘里清浅明亮的色彩，再加上少女们热衷的版型单品，少女感立马就出来了。

打造少女风的另外一个重点是头发，一定要来点凌乱的小卷，这样更减龄，更调皮可爱。

甜酷少女风： 这种风格运用了少女感版型单品，款式上活泼可爱，但颜色上选择了黑色并用金属装饰，这样就可以把可爱的氛围压一压，反而带来酷酷的感觉，适合有个性的小可爱们。

2. 舒适休闲风

相信很少有人每天都穿得板板正正，随心、舒适，还能好看才是我们日常穿衣的需求。根据我的个人经验，这一风格的穿搭，你化了妆可以锦上添花，不化好像也无伤大雅。

推荐色彩： 舒适又好看的少年色系。

适合年龄： 所有年龄。

适合肤色： 几乎不挑肤色，所有的亚洲自然肤色均适用。

适合人群： 想要穿得休闲随意的，都可以尝试，不同年龄都可以找到对应的穿搭方式。

推荐色彩

图案元素

这种风格常用到的元素是日常中常见的条纹、格纹等，每种元素都很大众化。

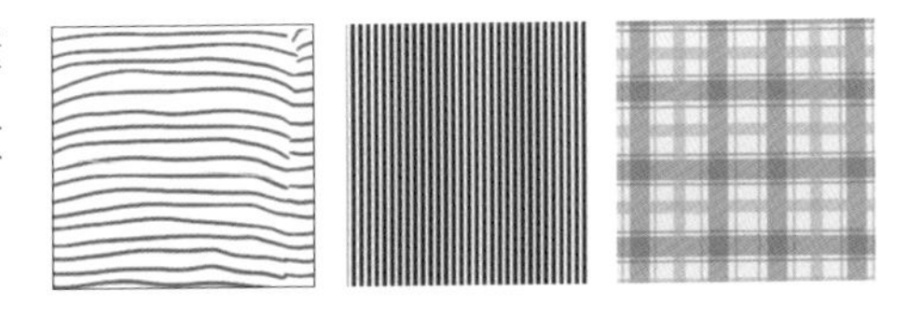

这种风格的单品其实不用太多，但仅凭这简单的几种单品就能搭出几十种不重样的搭配。这不就是人们常说的 10 件单品搭出 11 套组合的超级百搭清单吗？照着买，绝对实用又好看、百搭又时尚。

舒适休闲风单品 上衣

纯棉T恤　针织背心　彩色T恤

格子衫　纯棉衬衫　条纹衫　针织打底衫

舒适休闲风单品 下装

舒适休闲风单品

配饰（包）

牛津包

复古手提包

托特包

双肩包

手提包

帆布包

舒适休闲风单品

配饰（鞋帽）

乐福鞋

帆布鞋

马丁靴

小皮鞋

短靴

运动鞋

贝雷帽

平顶礼帽

棒球帽

以上单品，任意搭配都能穿出时尚的效果，而且还很舒适。

形象打造 案例参考 1

根据人物性格，为本案的素人选择了休闲风的大地色系，再加上内搭跳跃的条纹元素，轻松呈现出这种休闲随性的穿搭风格。这种风格对性格、职业、外貌的要求不太高，无论你是潇洒行走，还是端庄而坐，每个角度看过去都好看。

这位小姐姐五官大气，给人一种干练、不拖泥带水的感觉，在款式的选择上适合偏宽松、略带休闲感的服饰，如果穿太紧身的衣服反而会显得老气。休闲风格的服装穿在她身上，自然而然呈现出一种休闲中又带点正式的感觉，也是一种适合职业女性的搭配方式。

3. 精致优雅风

精致优雅是很多职场女性的追求，无论日常上下班还是参加朋友聚会，谁不想把自己最好的一面展现出来呢？

- **推荐色彩：** 莫兰迪色系。这种温柔优雅的色彩是最具气质也是最受职场欢迎的颜色。
- **适合年龄：** 几乎都可以。
- **适合肤色：** 基本都可以，需要化淡妆遮瑕。
- **适合人群：** 温柔端庄、有气质、比较优雅的类型；职场穿搭以及见家长都不错。

推荐色彩

图案元素

与这种风格最搭的图案就是中等大小的波点，以及比较温柔的碎花。

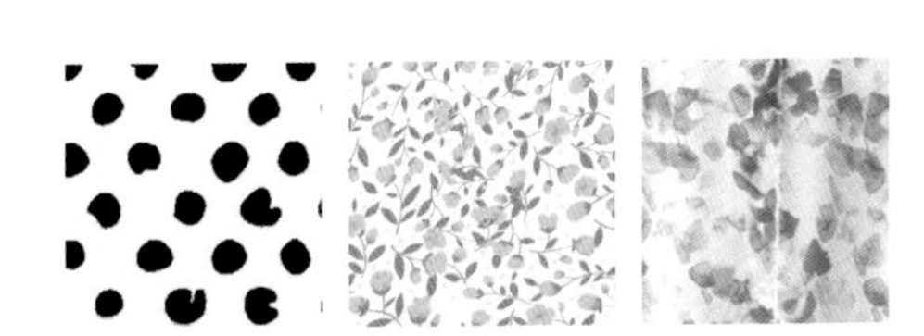

下面的单品清单可以让你一目了然：

精致优雅风单品

上衣

精致优雅风单品

下装

精致优雅风单品 配饰（包）

戴妃包

手提包

贝壳包

托特包

菱格纹包

手提包

晚宴包

精致优雅风单品 配饰（鞋帽、首饰）

高跟船鞋

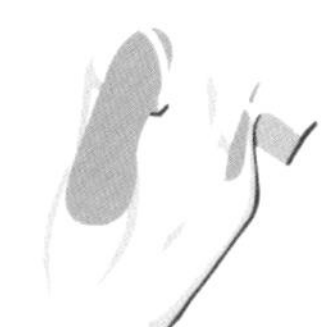
方头鞋

及踝靴

乐福鞋

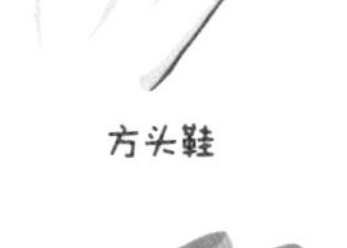
尖头鞋

圆头鞋

钟形帽

珍珠项链

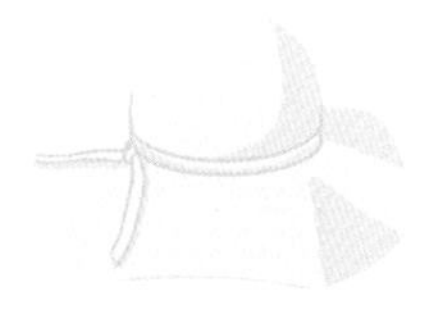
小礼帽

运用以上单品进行搭配，精致优雅的你一定会在人群中闪闪发光。

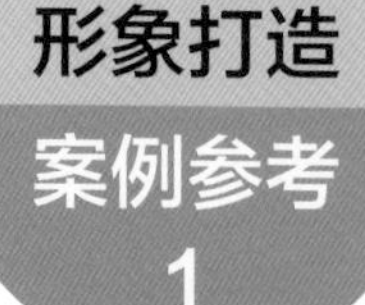

这位小仙女的面部及五官以温和的曲线为主，加上性格也很温柔，非常适合打造优雅风。这套搭配整体选择的是比较基础的色系，裙子带波点元素，可有效增强活力感，材质用的是最显气质的醋酸面料，整体的优雅风瞬间被拉满。

还有一点很重要，好的穿搭离不开点睛的小配饰。很多人总觉得自己穿不出感觉，一种可能是款式、色彩没有选对，另外一种可能是穿搭的立体度不到位。这时，一顶合适的帽子、一条活泼的腰带、一款得体的耳环，便能使你的整个形象更立体、更有层次感。

形象打造 案例参考 2

优雅风衣配上裙装的印花元素，温柔又不失活力，系上与服装同色系的丝巾，更能凸显仙女气质。

温柔爱笑的小仙女都很适合走这个路线，爱笑的女孩一定要多穿彩色，会跟笑容更搭配。

4. 端庄沉稳风

如果你身处领导的位置，如果你是沉稳内敛的女性，如果你去参加重要的公司会议，那么，端庄沉稳的造型一定会为你的形象加分。

推荐色彩： 沉稳的故宫色。深沉的颜色会传递稳重、成熟的感觉。

适合年龄： 30 岁及以上。

适合肤色： 自然肤色或偏深的肤色。

适合人群： 有点年龄感的、有人生阅历的、做事沉稳老练的、性格安静沉稳的女性。

推荐色彩

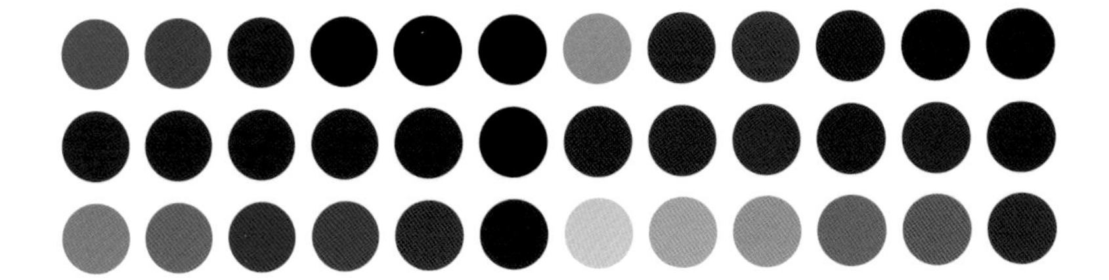

图案元素

此风格的图案更注重规则感，这样可以给人留下一丝不苟、端庄稳重的印象，给人更贵气的感觉。

服装单品的重点在面料和剪裁上，要给人低调的感觉，又要显得有内涵、有品质，这样的服装，才会更显高级。

简约衬衫

高领衬衫

针织开衫

针织打底衫

吊带

西装

端庄沉稳风单品

外套/裙装

端庄沉稳风单品

下装

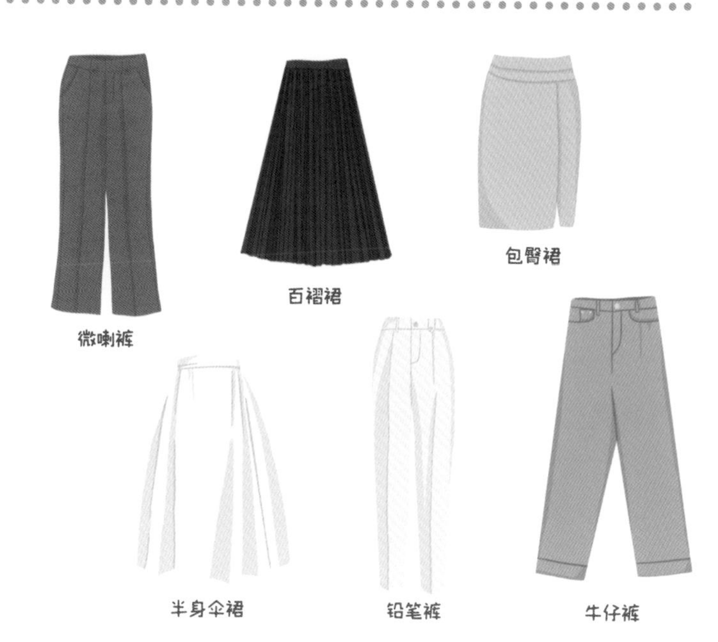

端庄沉稳风单品 配饰（包）

戴妃包

手提包

托特包

手提包

晚宴包

菱格纹包

端庄沉稳风单品 配饰（鞋帽、首饰）

高跟船鞋

方头鞋

及踝靴

乐福鞋

尖头鞋

手表

钟形帽

珍珠项链

小礼帽

按照上面的清单，上下装任意搭配，端庄沉稳却不呆板沉重。

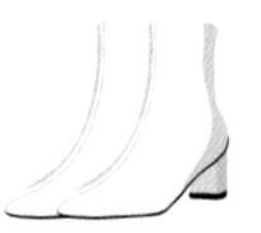

这是一位保洁阿姨，测试出来适合走法式路线。按照端庄沉稳风格给阿姨选了合适的外套与半身裙，再加上匹配的帽子，法国时尚奶奶的感觉瞬间迸发出来。找对风格，颜值提升真的不止一个档次。

这种风格显得端庄沉稳，适合经过岁月沉淀、非常有气质的小姐姐，无论是中式的港风，还是难以驾驭的法式风，都属于这个系列。

这是一位平时忙于照顾宝宝而没有太多时间打理自己的宝妈。通过接触，发现这位宝妈很有内涵，适合走端庄路线，于是根据她的气质、肤色，选择了黄色系的衣服。再加上同色系的发饰和手包，一个现实版的“了不起的麦瑟尔夫人”就站在了你的面前。

第5章
各种身形穿搭法，轻松扬长避短

很多人都会对自己的身材不太满意，此时，通过穿衣搭配可以扬长避短，帮你更好地展现形象魅力。要想了解自身哪里需要通过穿搭来弥补缺憾，我们需要先了解下如何自测身形。

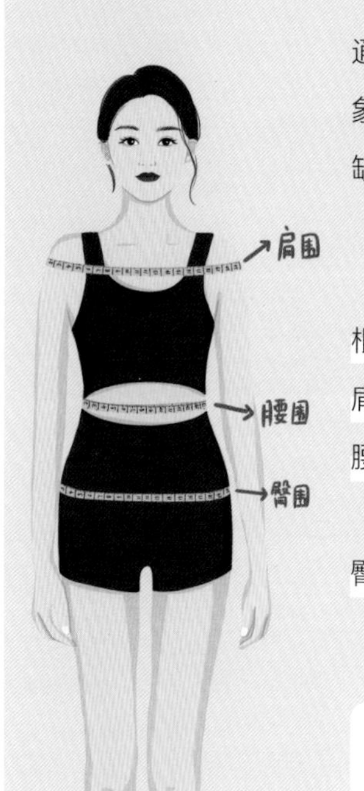

根据左图所指的位置，测出自己以下部位的围度：

肩围：背挺直，双手放松，绕过双臂测一圈的围度。

腰围：腰部比较细的地方，或者手肘放下来对应的腰部位置，绕一圈的围度。

臀围：臀部最高的位置绕一圈的围度。

最标准的身材，肩宽等于胯宽，腰围小于肩围或臀围 20cm。测完这三个维度，对照下表中的身形数据，就可以判断自己的身材是肩膀宽了，还是屁股大了。哪里超出了标准，就通过穿搭修饰哪里。

序号	条件	X 形：标准	Y 形：肩宽	A 形：胯宽	H 形：平板	O 形：肚子大
1	肩围和臀围相差 2 cm 以内	√	—	—	√	—
2	肩围和臀围的平均值-腰围 >20 cm	√	—	—	—	—
3	肩围和臀围的平均值-腰围 <20 cm	—	—	—	√	—
4	臀围-肩围 >5 cm	—	—	√	—	—
5	肩围-臀围 >5 cm	—	√	—	—	—
6	腰围-肩围 >5 cm	—	—	—	—	√
7	腰围-臀围 >5 cm	—	—	—	—	√

这里有两种身材是最容易搭配衣服的，一个是 X 形（需同时满足 1、2 两个条件），一个是 H 形。这两种身材只要做好收腰工作，基本没有任何穿搭问题。但如果得出下图中后三个的测试结果，就要通过穿衣来化解了。

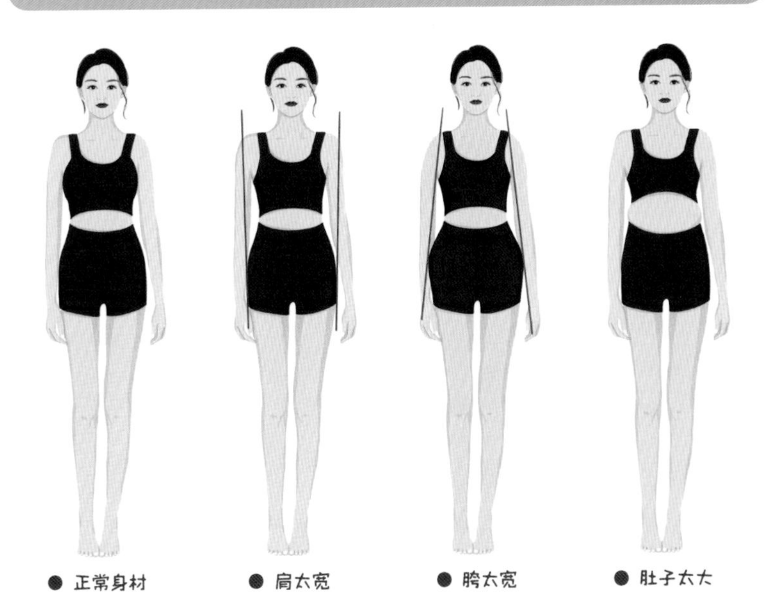

● 正常身材　● 肩太宽　● 胯太宽　● 肚子太大

1. 肩太宽（Y 形肩）怎么穿

肩宽的典型特征是肩膀宽于胯部，穿不好容易给人一种威武雄壮的感觉，少了女孩子的柔美。正确穿搭的核心就是扬长避短，那么如何让肩部看起来更窄呢？

（1）穿宽肩带上衣，避免细肩带

肩宽的人一定要避免穿细肩带的上衣，因为肩带的细反而衬托得肩膀更宽，而且露肤度过高，会让人把焦点都转移到肩膀上来。所以，最好的办法是选择宽肩带的上衣，让人们的视觉截止在肩带的边缘，从而使肩膀看起来更窄。

（2）穿合肩线的衣服，避免落肩设计或者泡泡袖

落肩尤其是泡泡袖的上衣，会把肩膀更夸张地延展出去，一旦穿上这种款式的上衣，你就是行走的“金刚芭比”了。反之，正好是合肩线，或者肩线更靠里的设计才能让肩膀看起来更窄。

（3）穿大领服装，如方领、V 领，避免小圆领

宽肩最需要修饰的部位就是肩膀，当穿着圆领上衣的时候，由于毫无视觉截断，会显得肩膀特别宽。但是换成大宽领后，利用肤色把视线往中间去引领，就能很好地起到收窄肩膀的作用。

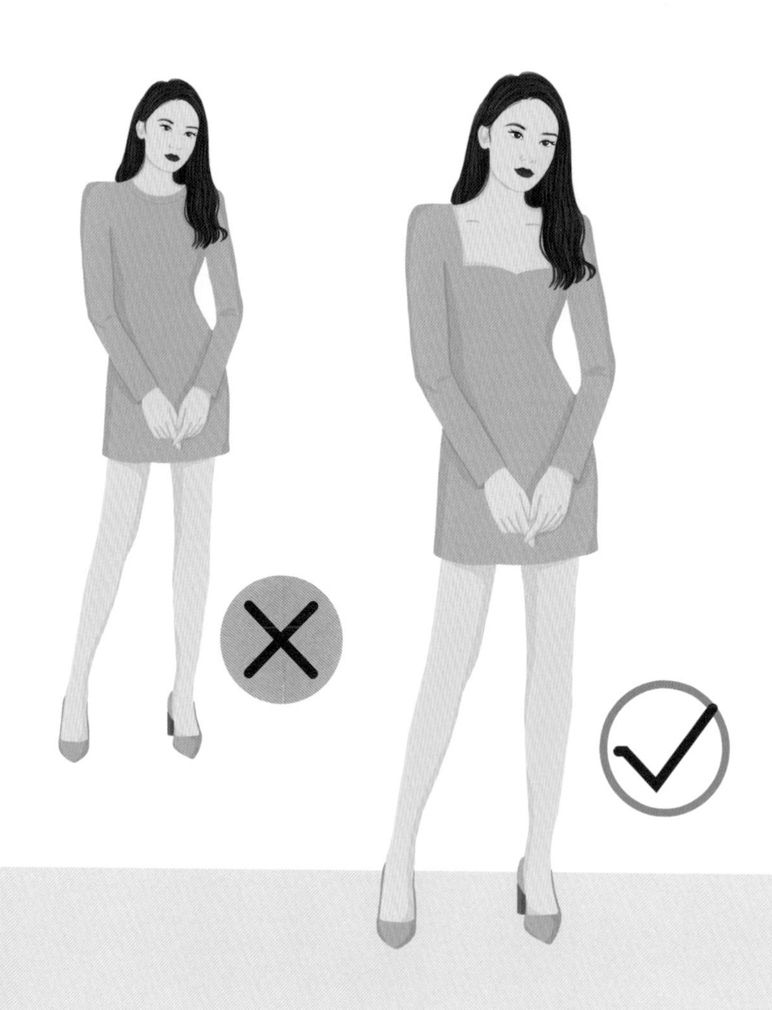

（4）适当放大下半身

当你觉得上半身已经不能再做文章了，可以选择放大下半身的视觉效果来达到平衡，比如利用蓬松的裙形。这样可以把视线焦点下移，还可以轻松打造出腰线。

（5）上身用收缩色，下身用膨胀色

色彩有收缩和膨胀视觉的功能，所以，当你发现自己哪个部位的宽度超出平均值的时候，就可以使用收缩色，反之则使用膨胀色。用色彩进行调整，不显山不露水，悄悄地打造好身材。

2. 肚子大怎么穿

（1）大伞裙会比贴身裙更修饰肚子

肚子大最忌讳的就是把肚子部位包得紧紧的，更显得凸出。选择面料略带硬挺度的大伞裙能掩盖肚子大的问题。

（2）穿带竖线设计的下装，避免没有修饰的下装

竖线条的作用是抵消肚子凸出来时的横向视觉，无论选择裙装还是裤装，带有竖线的设计都非常有必要。

（3）“一线天”外套穿搭法，避免肚子全部露出来

肚子大产生的横向视觉，会被外套形成的“一线天”的竖线条中和，另外胯部两侧凸出的肉也会被巧妙地遮住，所以，无论正面还是侧面都会起到显瘦的效果。如果要想效果更好，可以把内搭都换成具有视觉收缩功能的深色，即内深外浅，整个人不显臃肿。

（4）选择硬挺面料的下装，避免又软又薄的面料

柔软的面料对身材起不到修饰的作用，所以在面料上要选择硬挺些的，有型的面料会把大肚子隐藏起来。

3. 胯部太宽怎么穿

（1）尽量让焦点都落到上半身

胯部宽就要在上半身增加宽度以达到整体平衡，这样的搭配还会显得腰细。

（2）下半身用收缩色，上半身用膨胀色

众所周知深色显瘦、浅色显胖，当胯部比较宽的时候，就可以利用颜色的缩放功能，上半身用浅色、下半身用深色，巧妙转移胯宽的小缺点。

（3）高腰穿搭转移视线，避免低腰款式

胯部宽就不要把下装正好卡在胯部，否则会导致人的视线焦点直接聚集在此放大胯部。可以选择高腰的下装，既能显高，又能避开缺点。

（4）胯部遮挡式

长过胯部的上衣也可以很好地遮掩胯宽，款式最好是收腰的，可以助力打造玲珑有致的身形。

（5）收紧下装，加宽上半身

跨部宽不要穿蓬松的下装，可以选择面料偏硬挺的简约下装收缩胯部。

（6）穿有垫肩的服装，放大上半身

无论胯宽还是肩窄，穿垫肩西装都可以很好地平衡身形，让你看起来更精神、更有型。

4. 头大怎么穿

头大还是头小，重点看头肩比，即头宽与肩峰宽的比值。标准的头宽与肩峰宽之比为 1 ： 2。那么什么是肩峰呢？在锁骨延伸的尽头，肩膀头处各有个凸起的点，摸一下就能摸到，两点之间的距离就是肩峰宽。

肩峰宽：头宽 < 2，为大头；

肩峰宽：头宽 > 2，为小头 。

如果头大，通过穿搭调整肩膀和头部的比例就显得很重要。可以采取以下几种方法去改善。

（1）要扎头发加灯笼袖，不能披头散发加正常袖子

很多人有个误区，认为头大需要披散下头发遮挡头部，其实这样做只能增加头部的量感，使头显得更大。扎起头发反而弱化了头部的视觉冲击。

宽大的袖子会起到转移注意力的作用，视线第一时间落在袖子上，头的大小则不再受关注。

（2）戴大沿的帽子，穿高跟鞋

头大，帽子也需要选择相对大些的才会平衡。再搭配上高跟鞋，把身高拉长，相对来说，脸的宽度就没有那么突出了。

（3）多穿宽肩服装

头大对应的是肩窄，所以选择宽肩的西装就不会显得头部过于突兀。不过如果身高低于 155 cm，肩膀太宽了也会显矮，这时就要慎重选择了。

5. 腿短怎么穿

腿短不一定代表个子矮，有些高个子同样存在腿短的问题，这也使得他们看上去没有实际身高高，也就是显矮。这里先教你一个测试自己显高还是显矮的方法。很简单，双臂自然下垂，如果手腕没有超过裆部，说明你属于相对显矮的类型；如果手腕超过了裆部，说明你是相对显高的类型。

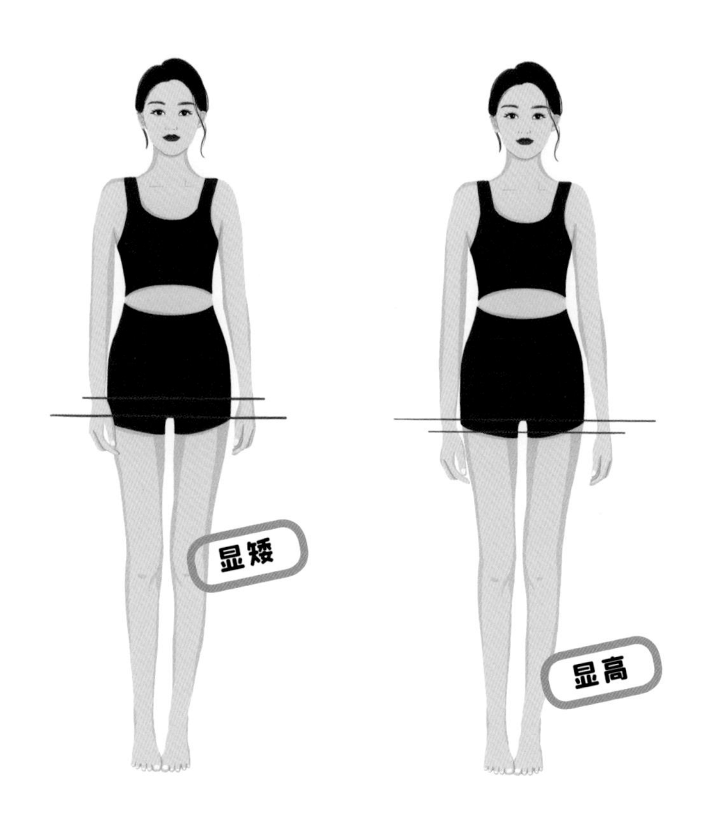

那么，腿短或是显矮要如何搭配衣服呢？做到以下几点，轻松搭出显高的大长腿。

（1）多穿裙子，并拉高腰线

腿短的人穿裤子时，腰部和裆部看起来会比较靠下，在视觉上显矮。换成高腰的裙子就可以模糊腰线的真正位置，让下半身显得更修长。

（2）选择多穿连衣裙加高跟鞋，少穿裤子

除了半身裙，还可以穿连衣裙，也能起到模糊腿部长度的作用。再配上一双高跟鞋，就是超级棒的身材啦。

6. 个子矮怎么穿

（1）全身同色系，避免视线被截断

当视线顺畅的时候，自然而然就有显高的效果。但当中间被分节的时候，视线不流畅，就会显矮。所以，想要显高，上下装同色系是最好的选择。

（2）穿九分裤的时候，把裤脚往上折，露出脚踝更显高

个子矮的人穿衣一定要避免拖沓，比如裤子拖地了，就会给人腿太短的错觉。适当地露出脚踝，会让人感觉腿比裤子长。

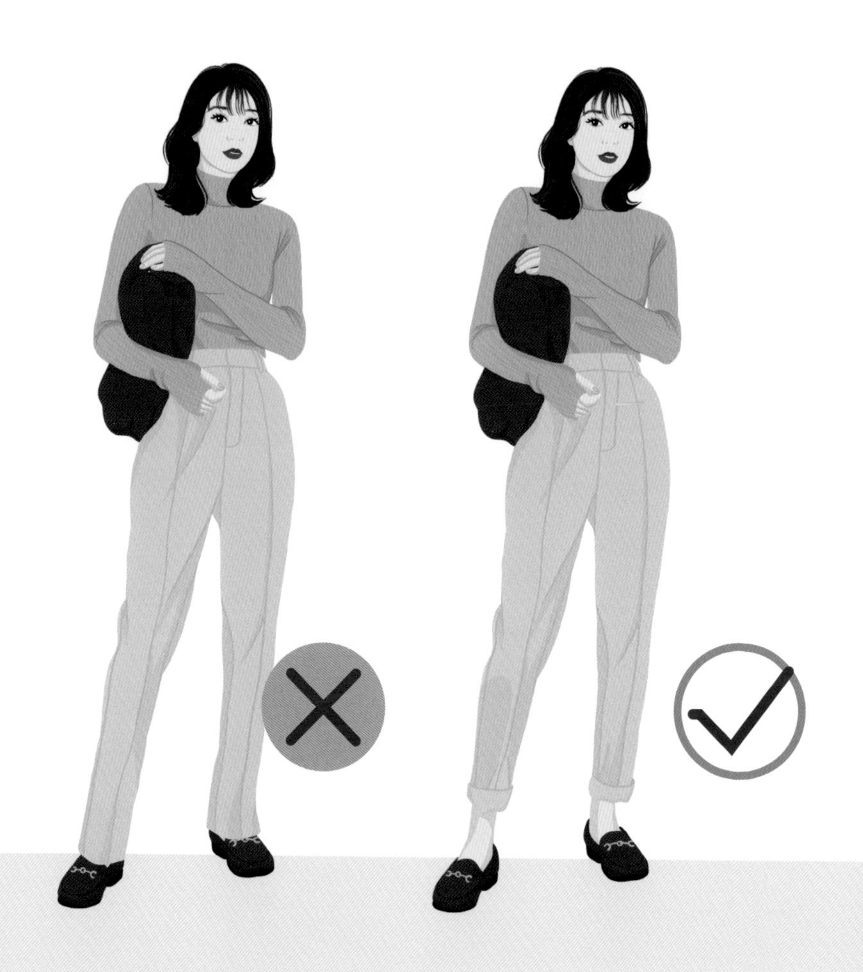

（3）下半身少穿黑色，容易又矮又重

黑色是重色，用在下半身会让视觉重心下移，无论是黑色下装还是黑色鞋子都会有同样的效果，所以小巧的女孩子们要慎重选择。

（4）衣服要合身，增加宽度相当于变相显矮

当我们无法改变身高的时候，至少要控制横向视觉不要太宽，所以要放弃松松垮垮的衣服，腰线高又合身的衣服才是首选。

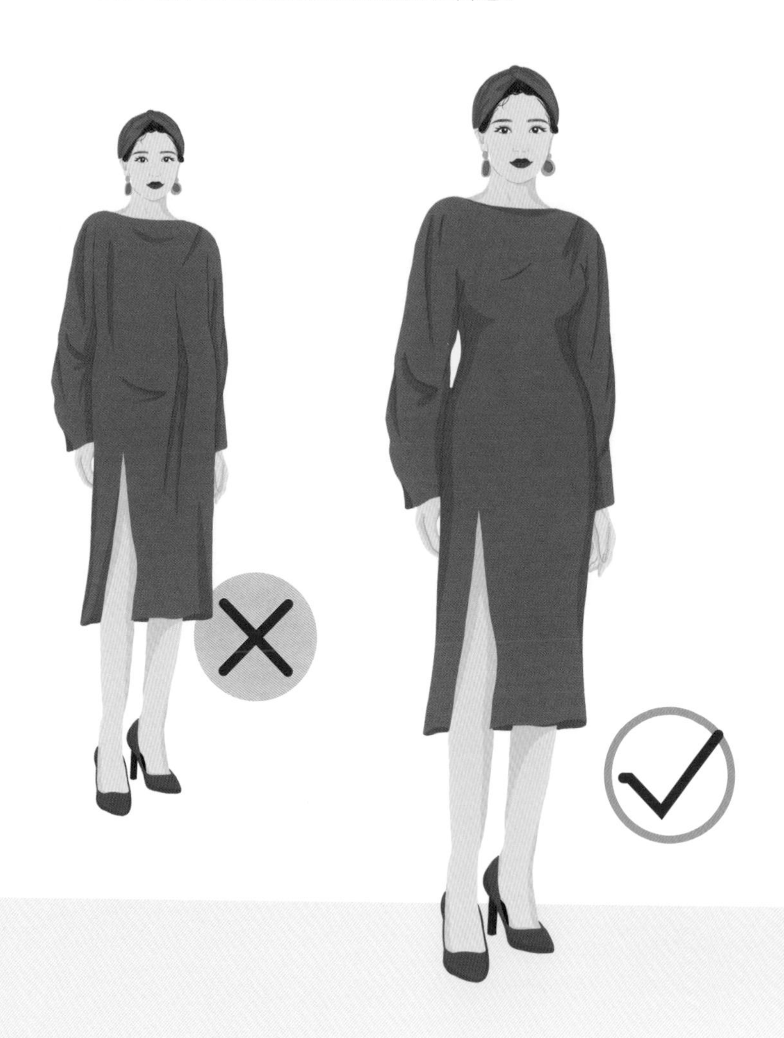

（5）穿长裤加高跟鞋，裤子盖住鞋跟最显高

身高 151.3 cm 的我，通过穿搭让很多人认为我在 165 cm 以上。显高的秘诀在于穿超长的裤子加高跟鞋，这让我的腿部没有分节，而是无形中被拉长，这样的穿搭简直是显高界的制胜法宝。

（6）穿长裙会比穿短裙更容易显高

前面讲过，身体出现过多分节就会显矮，尤其当视觉正对中心处，问题会更明显。所以，虽然穿短裙会显得青春俏皮，但是显矮的几率也会超过穿长裙。

穿长裙时，还有两点需要注意：

第一，下半身不能太蓬松，否则会显得下半身厚重，也会显矮。

第二，年龄偏大的女性，裙子的长度也要略微偏长，到脚踝处最佳。

7. 想要显瘦怎么穿

如果你是“多肉”型人，或是显胖的体形，要怎么做才能让自己看起来更瘦些呢？很简单，只要做好以下三点，马上达到减肥瘦身的效果。

（1）多露四肢纤细的部位

容易显瘦的地方有锁骨、脚腕、手腕，当你手腕细的时候，就多穿露出手腕的衣服，别人自然而然会觉得你的身材也偏于纤细。

（2）V 领上衣优于圆领上衣

有双下巴或者脸部偏大的人也容易显胖，这时穿圆领上衣会使人看起来很臃肿，而选择宽领或者 V 领的上衣，露肤度大一点会使整个人看起来更清爽、更紧致。

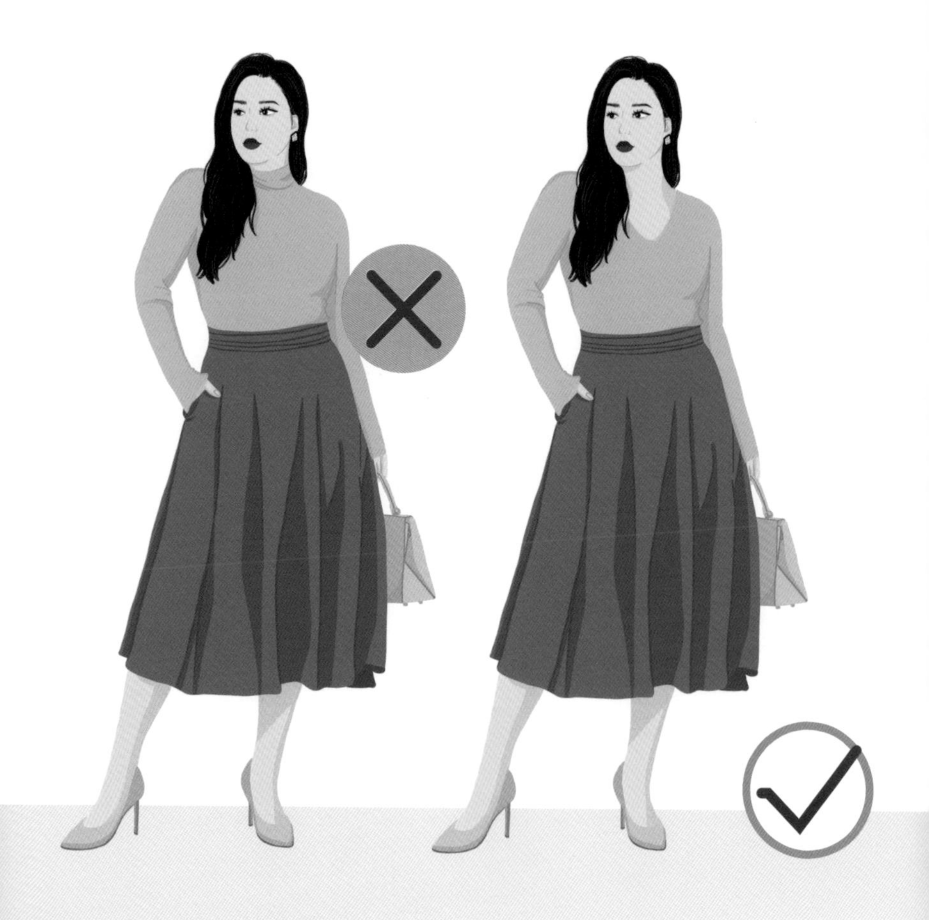

（3）可以试着穿一些黑色

深色显瘦，如果你属于偏胖但又不是特别胖的类型，可以多穿些黑色。但如果太胖的话，黑色虽然会起到收缩的作用，但也会显得很重，视觉效果并不好。所以，太胖的女性，也要少穿黑色，可以多穿些灰色。

第 6 章 发型打造，改变颜值最快速的方法

很多时候我们都有这种感觉，走进理发店想换个发型，结果剪完新发型后像换了个头。由此可见，发型对整个颜值的影响有多大。剪得好，可以让别人偷偷多看你几眼；剪得不好，连门都不想出了。剪坏的头发能都怪发型师吗，是否能杜绝这种情况的发生？其实，你只要跟着以下步骤走，再怎么换发型师也基本不会出错了。

1. 步骤一：确定身高范围

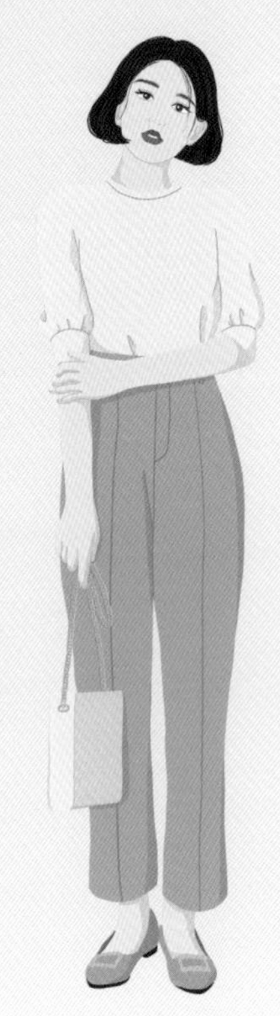

身高不同，头发的最佳长度也不同。假如你是小个子女生，就不建议留长发，日本漫画里的超长头发在现实中真的很拉低身高，完全破坏了你苦苦营造的比例。所以，既然是小个子，那么所有的装饰（包括发型）都要同比例缩小。

（1）身高在 158 cm 以下

这个身高适合短发，最合适的头发长度是到脖子以上，这样才会显得轻盈小巧。

形象打造
案例参考

素人小姐姐属于典型的小个子，那么在形象打造的时候就一定要注意，头发太长会压低身高，短发或者扎起来的头发都可以起到提升重心的作用，使人显高。根据小姐姐的性格和风格测试，得出其适合走休闲舒适的中性路线，而且这个风格最适合戴眼镜的人群，这样的形象既适合上班又适合日常休闲。

（2）身高在 158 ~ 165 cm 之间

如果你的身高在 158 ~ 165 cm 之间，其实发型对你们的局限就不太大了。头发可长可短，只要在肩部上下，基本就没问题。

个子中等的小姐姐，发型自由度就会比较高，只要不是太短或者太长都可以很好地塑形，只需考虑色彩和风格是否匹配即可。

小姐姐测试出来是偏暖肤色的人，在用色上采取了棕色和暖绿，更衬肤色。性格属于偏叛逆型，所以在元素上选择了比较前卫的，如蛇纹上衣、撞色半裙，可以把她的个性充分彰显出来。

（3）身高在 165 cm 以上

如果你的身高在 165 cm 以上，放心留长发吧，它会让你显得更加妖媚。

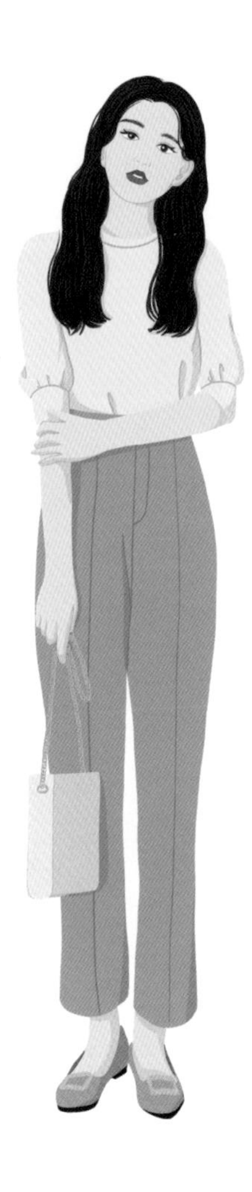

身高偏高的小姐姐，就不适合再扎着头发了。把头发放下来，整体的比例会更和谐。

这位小姐姐个子高，表情看上去有距离感，更适合走高冷路线。此时，如果选择气场偏弱的小碎花衣服，不但气质上不和谐，还显胖。换成纯色、有腰身、干练精致的衣服，就可以很好地打造出职场丽人形象。

2. 步骤二：选好发型修饰头部比例

（1）标准头型

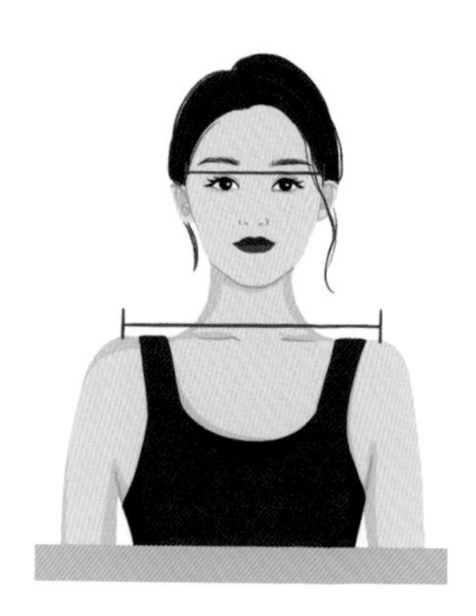

在上一章我们讲过，标准的头宽与肩峰宽之比为1 ：2，如果接近这个比例就是妥妥的大美女，发型也可以任意选择。

（2）头型偏大的发型

如果你的肩峰宽比头宽小于2，说明你的头型偏大，需要减少头部的量感，使头部看起来更显小。可以尝试扎发，还可以在头部两侧留小碎发或者留龙须刘海进行部分遮挡。

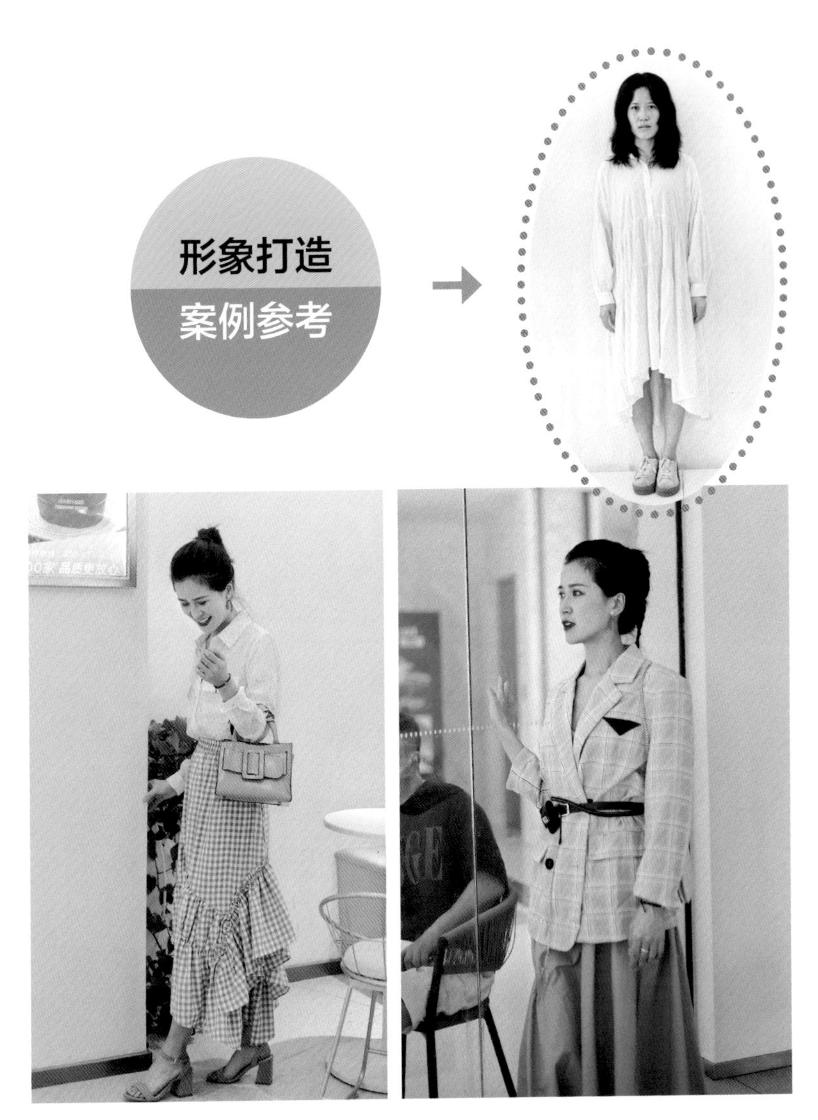

头大的姑娘如果把头发放下来，会显得整个头特别大、特别重。所以打造的第一步就是帮小姐姐把头发扎起来，接着按照肤色测试结果搭配冷色系服装，选出对应个人气质的款式，这样就可以塑造出美美的形象啦。

（3）头型偏小的发型

如果你的肩峰宽比头宽大于2，说明你的头型偏小了，可以把头发放下来，或者做成卷发增加头部面积，整体比例也更协调。

头小的姑娘如果把头发绑起来，会显得头更小。放下头发会更加完美，也更大气。这位主管小姐姐虽然是 90 后，但平时爱把自己往成熟上打扮。要想改变形象，除了改变不恰当的发型外，也要考虑到个人的性格特征与工作需要，所以这次改造的方向是适合职场的简约干练。改造后的形象秒变职场精英。

3. 步骤三：选择发色

头发是最靠近面部的“装饰”，色彩和谐会让整个人看起来更有气质。所以暖肤色人最佳的选择是暖色系的发色，冷肤色人最好选择冷色系的发色，自然肤色不太挑，只要不是极暖或者极冷的颜色都不会出错。

（1）暖肤色人的发色选择

肤色偏暖的人可以选择以下几种暖色系的发色，明艳时尚。除此之外也能用自然色系里面的发色。

浅暖肤色

深暖肤色

（2）自然肤色人的发色选择

自然肤色的人用以下几种自然系的发色都会很百搭。

（3）冷肤色人的发色选择

冷肤色的人可以尝试下面冷色系的发色，会使皮肤更显白，肤色更透亮。除此之外也能用自然色系里的发色。

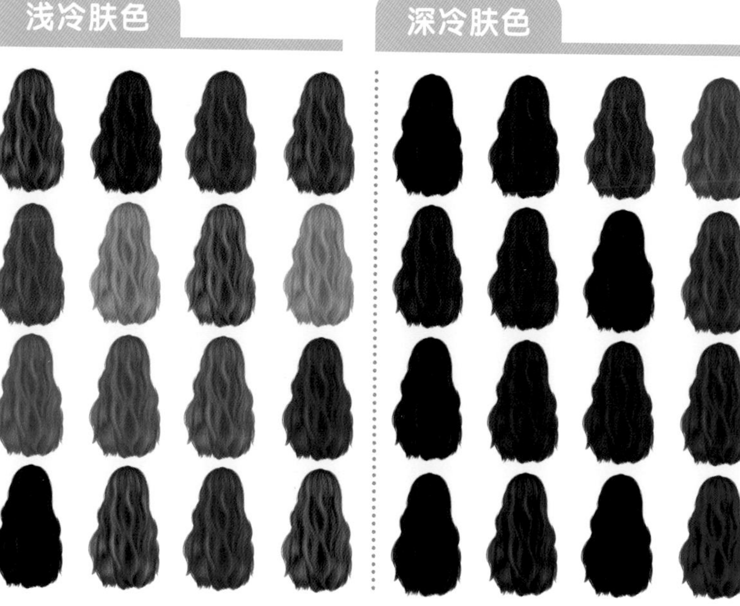

4. 步骤四：用发型修饰脸形

（1）发际线太高的脸形

可以选择平刘海，或者低三七分刘海，模糊发际线的边缘。

（2）颧骨太高或者是太阳穴凹陷的脸形

可以选择龙须刘海，或者中分、三七分的发型，对颧骨位置进行遮挡。

（3）太长的脸形

可以选择平刘海，或者三七分斜刘海，减少面部多余面积。

（4）太短的脸形

脸短的人适合让发梢低于下巴，或者是高丸子头加龙须发，以拉长面部比例。短脸的人还可以尝试三七分的发型。

（5）太方的脸形

方脸可以选择让发梢低于下巴，使一侧的头发正好遮住下颌骨，或者留能够正好遮住下颌骨的龙须刘海，弱化方硬感。

以上几种脸形特征可能会有叠加的情况，按照步骤先后选择即可。

第 7 章
配饰选择，最简单、最省钱的画龙点睛法

女性的配饰种类有很多，但能对穿搭起到画龙点睛作用的是帽子和耳饰。有时明明穿着很普通的一套衣服，戴上一顶合适的帽子后，给人的感觉立刻就完全不同了。当你对穿了很多次的衣服感到乏味时，可以试试搭配一顶帽子，整套衣服宛如新生。

1. 如何挑选帽子

想要选好帽子，需要按照以下步骤来，跳过任何一个步骤都可能会出错。

步骤一：确定身高范围

如果你的身高在 158 cm 以下，请选窄边沿的帽子；如果你的身高在 165 cm 以上，可以选宽边沿的帽子。

步骤二：确定头大还是头小

头小，戴帽子其实不太挑款式，但是头大的话会有很多困扰。如果头偏大，戴的帽子边沿要略宽才好看。

头大的人，帽子尺寸的选择也很重要，千万不要戴紧箍在头上的，凡是戴起来贴头上的都可以放弃，否则会暴露头大的特点。要选择宽松些的、有些厚度的帽子。

步骤三：确定脸上肉多还是肉少

（1）肉多骨少的面部

这种面部特征是脸上肉偏多、五官偏圆润，看不到明显的颧骨和下颌骨，建议戴偏曲线形、可爱的帽子，可以中和可爱的肉感。

这位小姐姐的面部特征是偏肉感，曲线饱满，选择带有曲线的帽子更协调。发型也是修饰脸部的关键，小姐姐的额头偏宽大，空气刘海和两侧的刘海都可以很好地修饰脸形，扬长避短。

对于脸部肉多又偏短的脸形，可以搭配一顶硬挺又有一定高度的帽子，这样可以起到拉长面部比例的作用。帽子造型要有适当的起伏，以免和面部融为一体显得头大。一顶合适的帽子，就可以轻松打造时尚感。

（2）骨多肉少的面部

如果你脸上的肉比较少，或是颧骨比较高、骨骼感偏强，或是下颌骨明显的方脸，建议戴偏直线形的硬挺点的帽子，弱化脸上的棱角感。

形象打造
案例参考
1

形象打造

案例参考

2

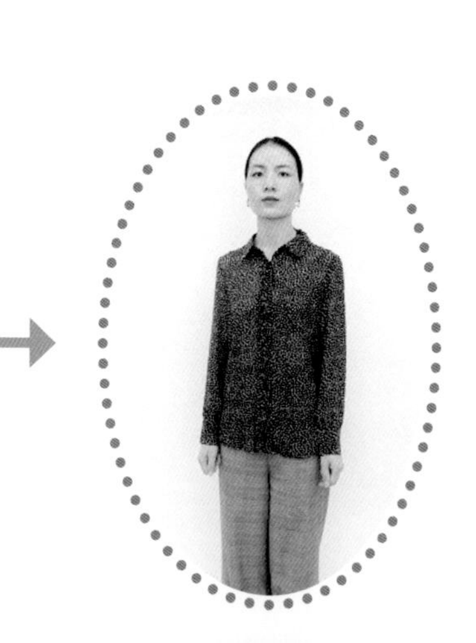

步骤四：特殊脸形

脸形不同，帽子的搭配也有不同，特别是对于不完美的脸形，如何通过帽子去修饰和改善呢？

（1）偏长的脸形

若脸形较长，则戴帽子时要低于发际线，盖住一部分额头。

（2）偏短的脸形

这种脸形的人戴帽子需使帽沿高于发际线，或者往后脑勺靠，拉长面部线条。

2. 如何挑选耳饰

耳饰是除了帽子以外，对穿搭较有影响的配饰，别看它体形小，但处于和视线平行的位置，随着头部的摆动很容易营造风情万种的气质。

（1）如何挑选耳饰的颜色

耳饰的颜色与佩戴者肤色的冷暖性有关，不同肤色的人，要选好对应的颜色才能锦上添花。

测出是冷肤色的小伙伴，请参考以下颜色：

测出是暖肤色的小伙伴，请参考以下颜色：

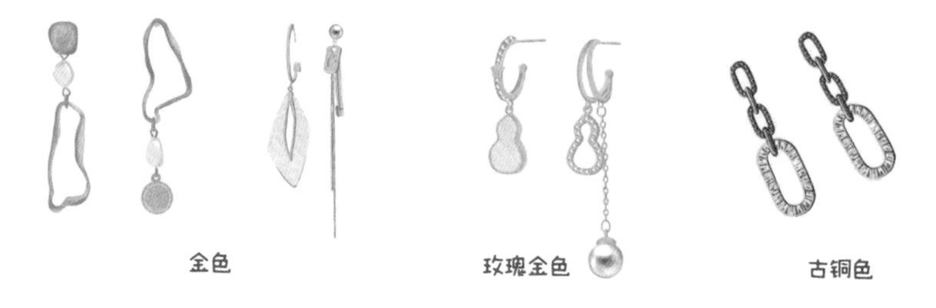

测出是自然肤色的小伙伴，请参考以下颜色：

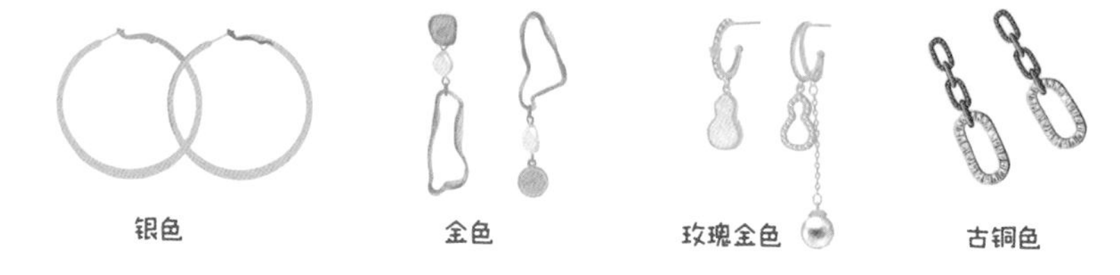

（2）如何挑选耳饰的款式

圆脸的特点是脸偏短，面部圆润无骨骼感。打造的重点在于：长款低于下颌，形状略带曲线更佳；短款高于下颌，形状简洁，避免过宽。

感觉自己面部偏圆、肉偏多的小伙伴，可以参考如下耳饰进行挑选。

方脸的特点是下巴宽，看起来脸像方形。打造的重点在于：耳饰不能卡在下颌骨处，并避免极其圆润的耳饰。

感觉自己的下颌骨部位特别方，跟脸最宽处接近的小伙伴，可以参考如下耳饰进行挑选。

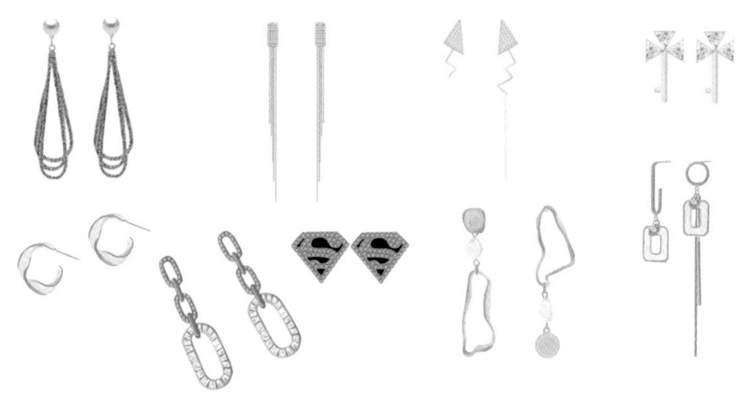

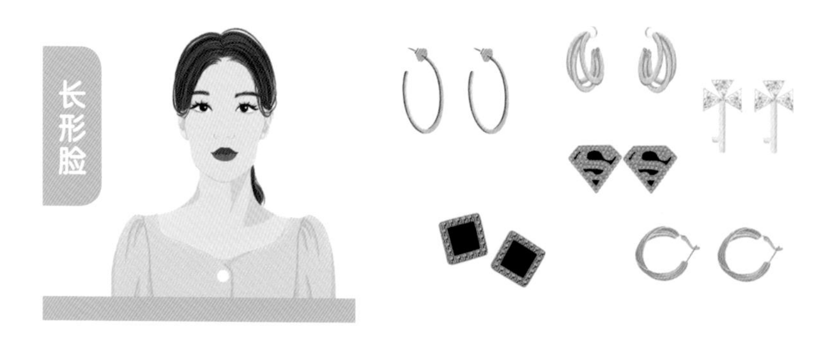

长脸最忌讳的是长耳饰，这样会把脸拉得更长。打造重点在于：选择偏短或者偏宽的耳饰，可以更好地修饰脸形。

如果脸偏长，可以参考上图所示耳饰进行挑选。

第 8 章
1 分钟快速测试

1. 风格测试

风格那么多，如何知道自己适合哪一种？下面教给你一个极简风格测试法，跟着下面的步骤走，1 分钟快速定位你的穿衣风格。

步骤一：直曲测试

① 你的眉形：

-1: 温柔曲线

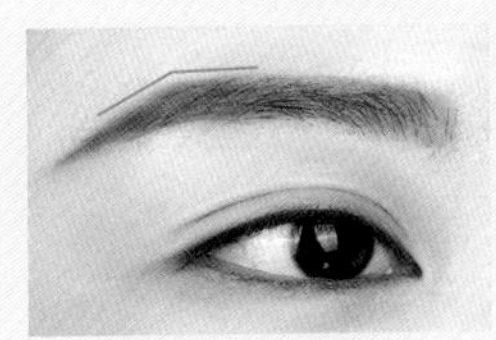

0: 中间型

1: 锋利直线

② 你的眼形：

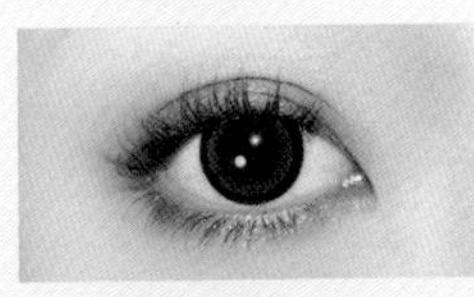

-1: 偏圆柔和的

0: 中间型

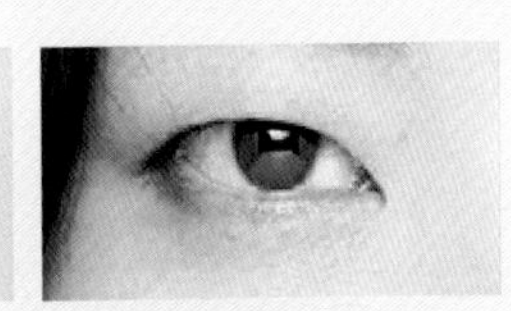

1: 偏直犀利的

③ 你的唇形：

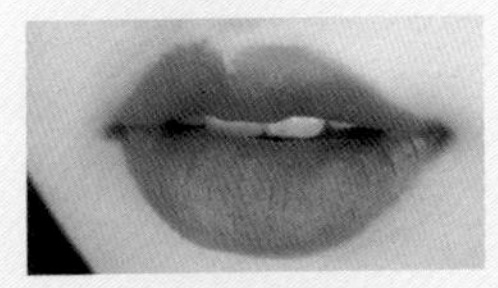

-1: 圆润饱满

0: 正常

1: 偏瘦有棱角感的

④ **你的面部：** -1：都是肉肉的　0：正好　1：骨骼感强

⑤ **你的动作：** -1：慢　0：适中　1：麻利

⑥ **你的性格：** -1：优柔寡断的　0：适中　1：直截了当的

步骤二：大小测试

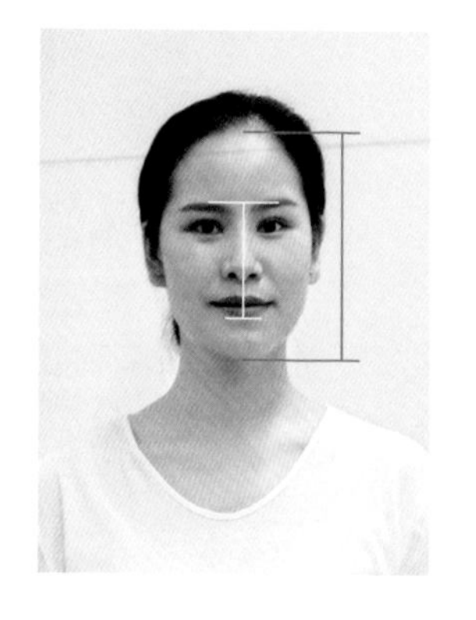

① **五官占比：**

五官的大小需要根据五官长度与脸的长度的比值来确定，如图：白线为五官的长度，即眉心到下唇的长度；蓝线为面部长度，即发际线到下巴的长度，两者相除即得到自己的五官占比。

-1：小于 0.5　0：接近 0.5　1：大于 0.5

② **你的五官：**

-1：寡淡不起眼的　0：正常　1：大而有冲击力的

③ **你在人群中：**

-1：毫无存在感的　0：一般般　1：一眼就能被注意到的

④ **你的说话动作：**

-1：内敛的　0：正常　1：活力四射的

⑤ **你平时和朋友相处的习惯：**

-1：喜欢牵着或挽着别人的手　0：特别熟的才会挽着

1：保持距离，避免肢体接触

⑥ **你的身高：**

-1：158 cm 以下　0：158 ~ 165 cm　1：166 cm 以上

把步骤一、二中每个小问题的答案数值分别相加，得出直曲测试和大小测试各自的结果，如 1+（-1）+0+1+0+0=1（<-1 记作 -1，-1 ~ 1 记作 0，>1 记作 1）再用两个结果分别对比以下数据：

直曲测试结论		
曲	中间	直
<-1	-1 ~ 1	>1

大小测试结论		
小量感	中量感	大量感
<-1	-1 ~ 1	>1

小

少女　少年　前卫

曲　优雅　自然　古典　直

浪漫　戏剧　摩登

大

下面对测试出的 9 大风格的特征、服装版型及用色参考进行列举。

少女风格

- **风格特征：**乖巧、可爱、年轻清新
- **服装版型用图参考：**

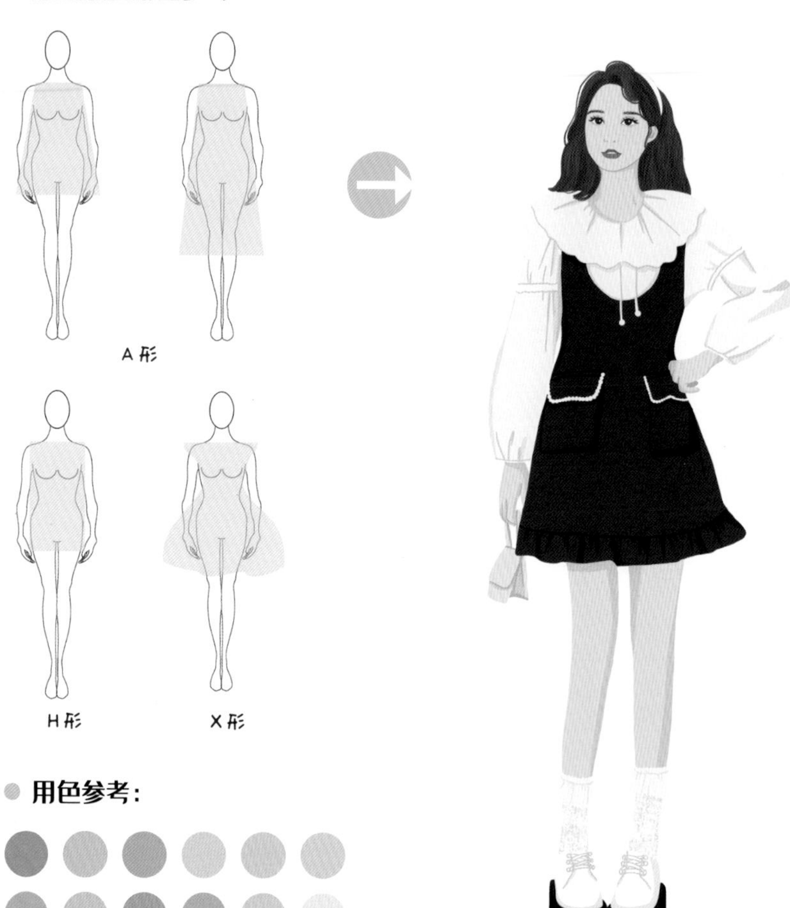

- **用色参考：**

优雅风格

- **风格特征：** 温柔精致、低调女人味
- **服装版型用图参考：**

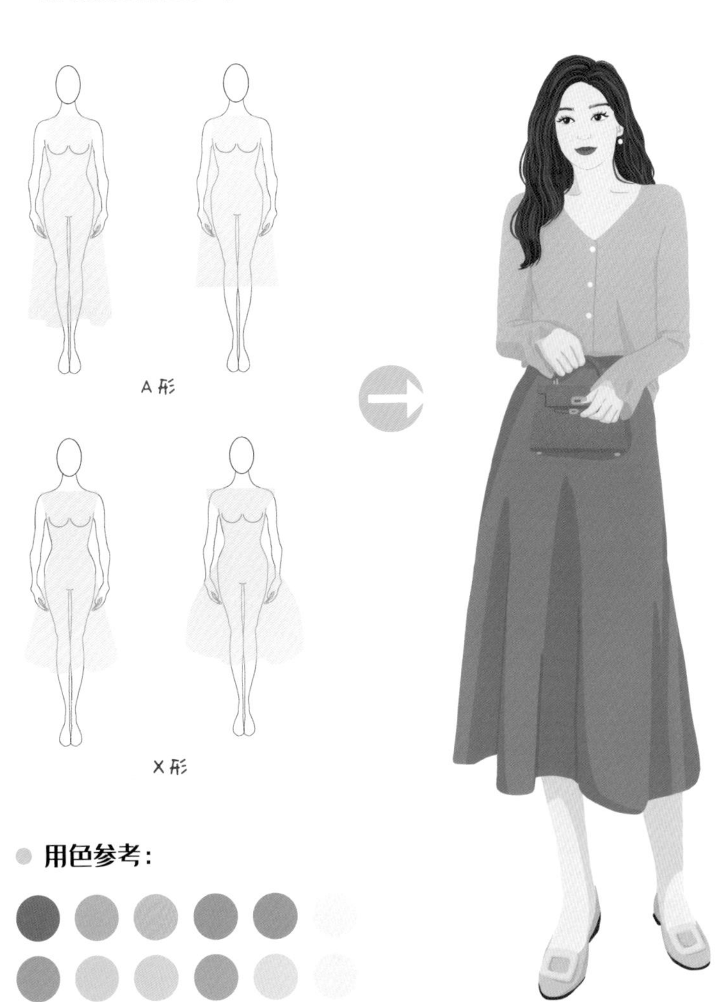

- **用色参考：**

浪漫风格

- **风格特征：**妩媚迷人、华丽、多情
- **服装版型用图参考：**

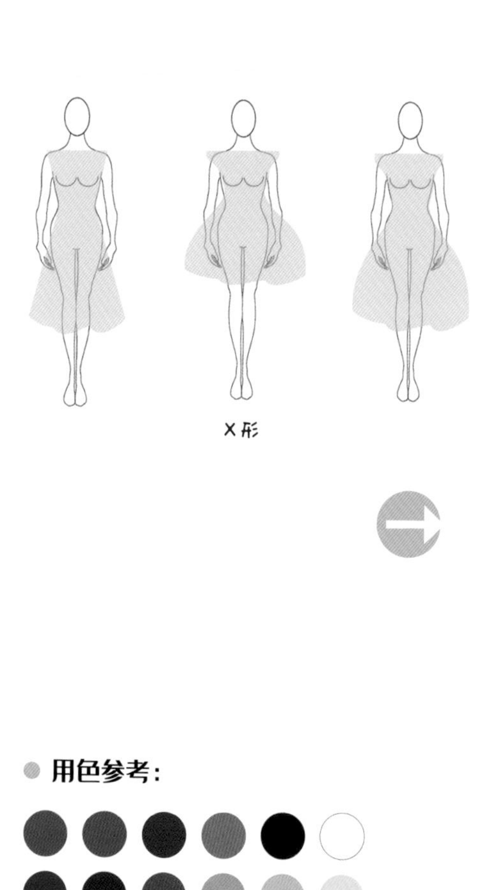

- **用色参考：**

少年风格

- **风格特征：**帅气、干练、中性
- **服装版型用图参考：**

- **用色参考：**

自然风格

- **风格特征：** 大方、随和、柔美、朴素
- **服装版型用图参考：**

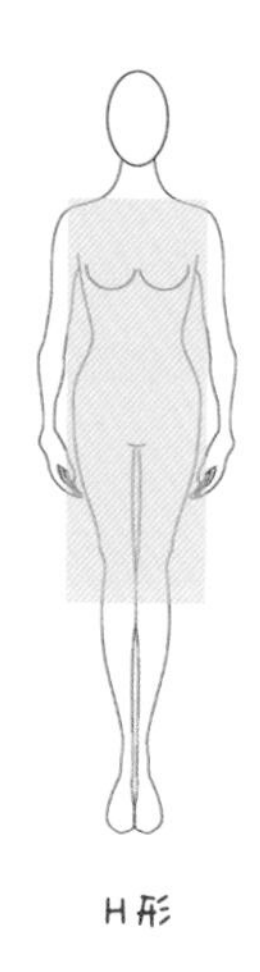

H形

- **用色参考：**

戏剧风格

- **风格特征：** 夸张大气，醒目有感染力
- **服装版型用图参考：**

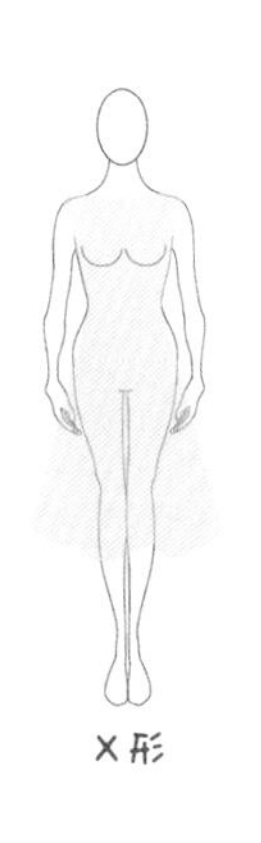

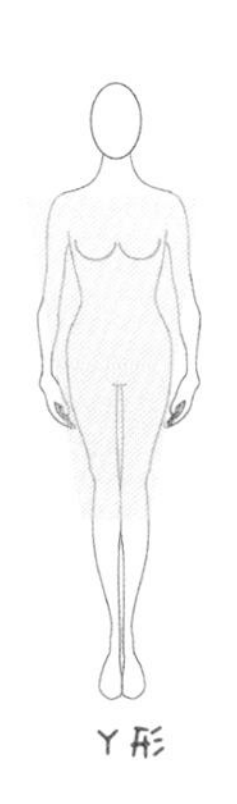

- **用色参考：**

前卫风格

- **风格特征：**叛逆、搞怪、有趣
- **服装版型用图参考：**

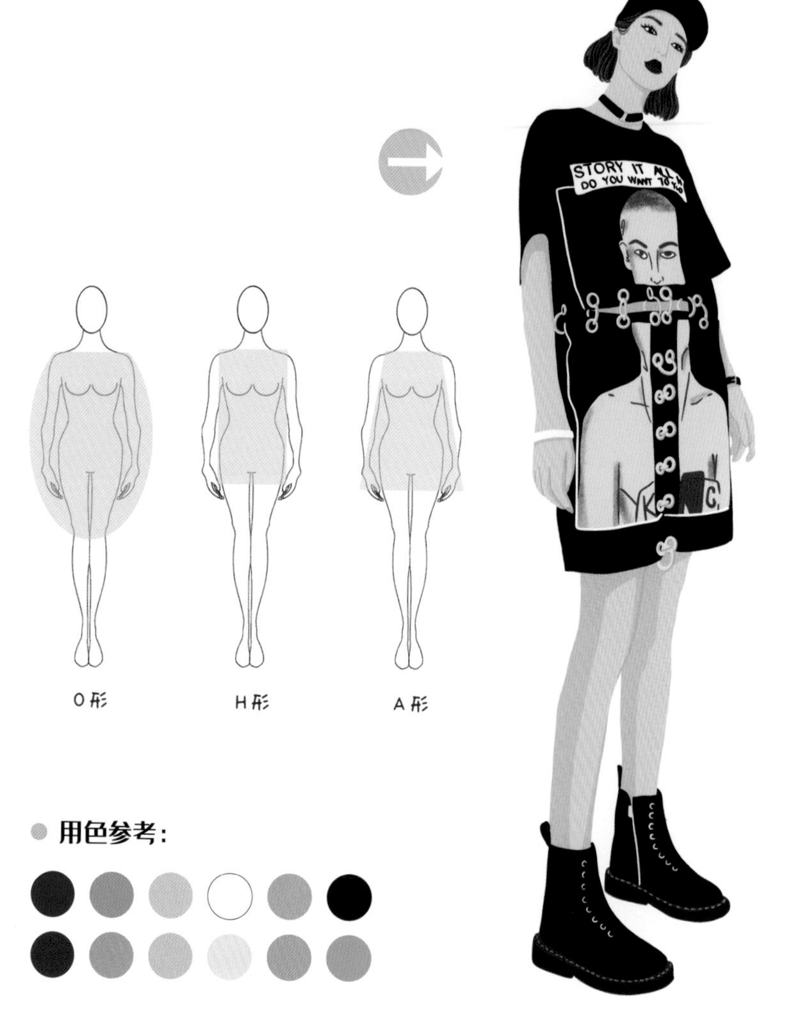

- **用色参考：**

古典风格

- **风格特征：**古典、端庄、精致、正气
- **服装版型用图参考：**

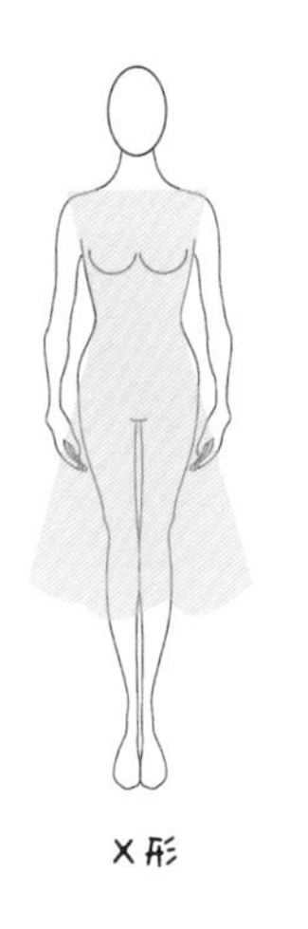

X 形

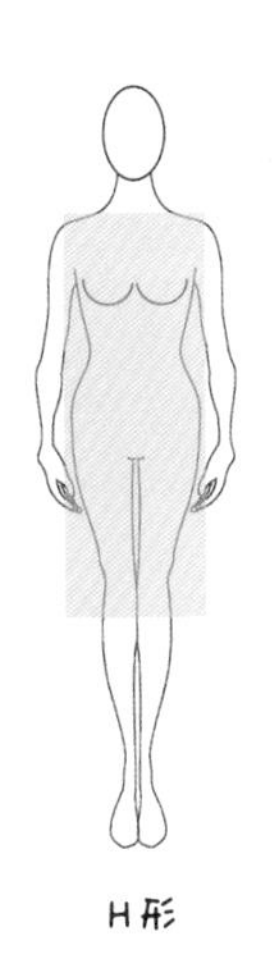

H 形

- **用色参考：**

摩登风格

- **风格特征：** 成熟个性、存在感、潇洒
- **服装版型用图参考：**

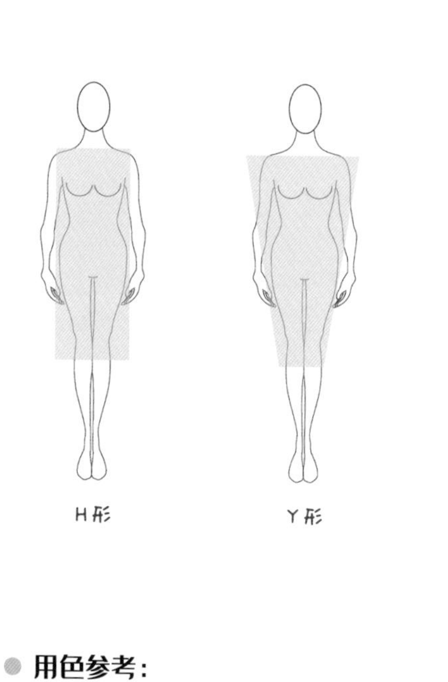

- **用色参考：**

2. 色彩测试

风格确定以后，选择什么色彩呢？跟着下面的三个步骤走，1 分钟弄清楚自己的适合色。

步骤一：测用色冷暖

① 你戴的配饰：

-1：金色好看　　0：都还好　　1：银色好看

② 你穿的衣服：

-1：橘色好看　　0：都还好　　1：蓝色好看

③ 你的性格（性格色）：

-1：热情十足　　0：正常范围　　1：清冷安静

答案相加得出结果

<-1 记作 -1，　-1 ~ 1 记作 0，　>1 记作 1

步骤二：测用色深浅

① 你的性格（性格色）：

-1：活泼跳跃，好奇心强的　　0：比较随和的　　1：深沉内敛，偏严肃的

② 你穿下面哪种颜色最好看：

-1：白色　　0：灰色　　1：黑色

③ 你的肤色接近下面哪个模特：

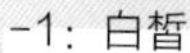

-1：白皙　　0：适中　　1：黑黄

答案相加得出结果

<-1 记作 -1，　-1 ~ 1 记作 0，　>1 记作 1

步骤三：测用色淡艳

① 你觉得自己：

-1：无欲无求　　0：一般　　1：非常有个性

② 你五官的立体感：

-1：又稀又淡　　0：适中　　1：又大又立体

③ 你在人群中的存在感：

-1：存在感弱　　0：适中　　1：存在感强

答案相加得出结果

<-1 记作 -1，　-1 ~ 1 记作 0，　>1 记作 1

把以上三个步骤的结果按顺序排列，就可以对照下面排序得出适合自己的颜色类型。

不太挑类型　　0，1，1　　0，1，0　　0，1，-1

春季型 −1，−1，−1　−1，−1，0

春季型人对应的口红颜色推荐如下：

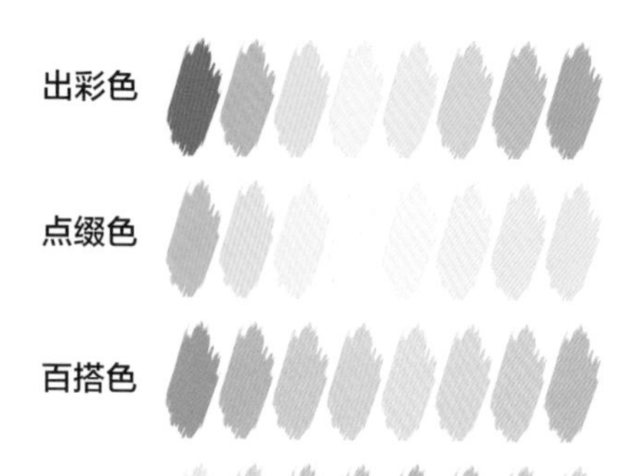

春秋季型 −1，−1，1　−1，1，1　−1，0，1

春秋季型人对应的口红颜色推荐如下：

出彩色

出彩色

点缀色

百搭色

百搭色

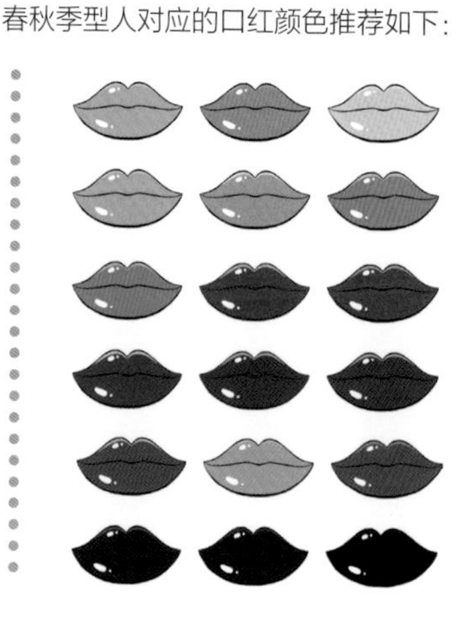

春夏季型　0，−1，−1　0，−1，0

春夏季型人对应的口红颜色推荐如下：

出彩色

点缀色

百搭色

百搭色

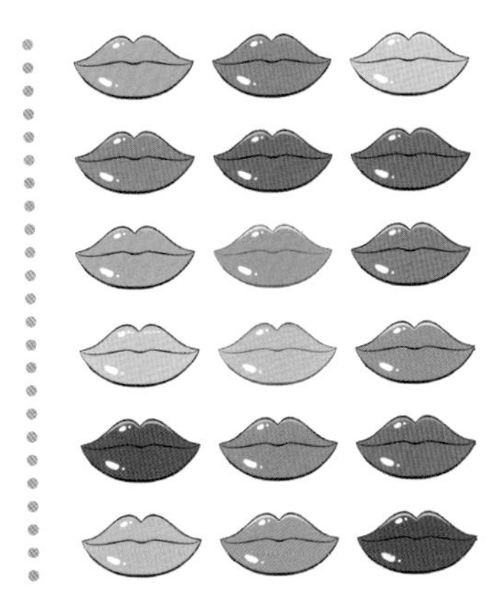

柔和型　−1, 0, −1　−1, 0, 0　0, 0, −1　0, 0, 0　1, 0, −1　1, 0, 0

柔和型人对应的口红颜色推荐如下：

出彩色

出彩色

点缀色

百搭色

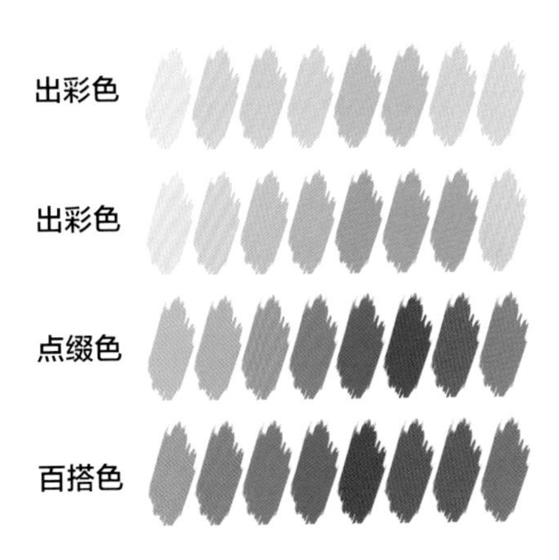

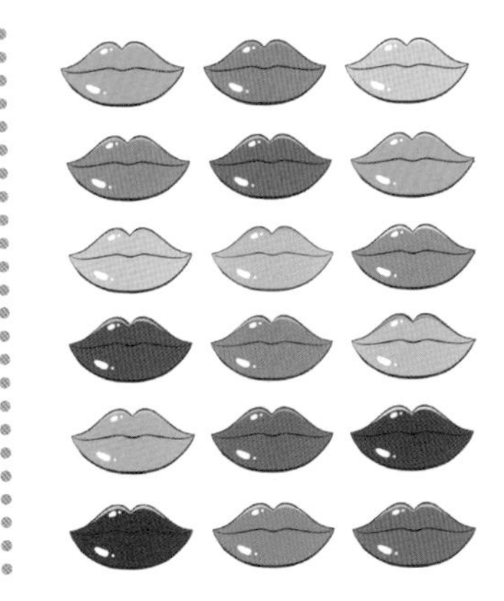

秋冬季型 0，1，−1 0，1，0 1，1，−1

秋冬季型人对应的口红颜色推荐如下：

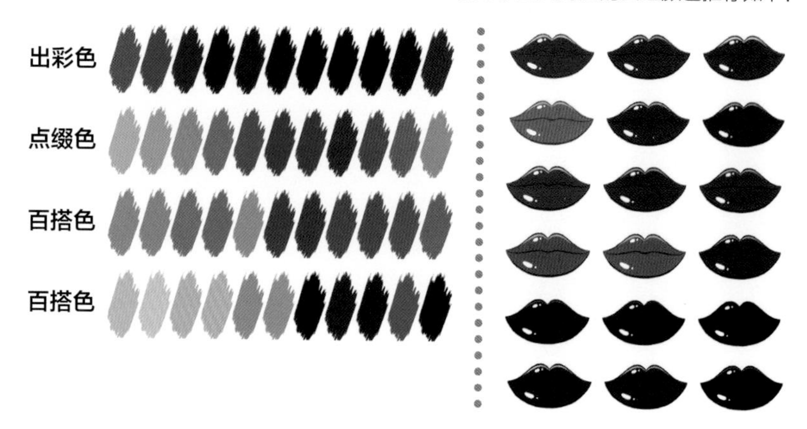

秋季型 −1，1，−1 −1，1，0

秋季型人对应的口红颜色推荐如下：

夏季型　1，−1，−1　1，−1，0

夏季型人对应的口红颜色推荐如下：

出彩色

点缀色

百搭色

百搭色

夏冬季型　1，−1，1　1，0，1

夏冬季型人对应的口红颜色推荐如下：

出彩色

出彩色

点缀色

点缀色

百搭色

冬季型 1，1，1 1，1，0

冬季型人对应的口红颜色推荐如下：

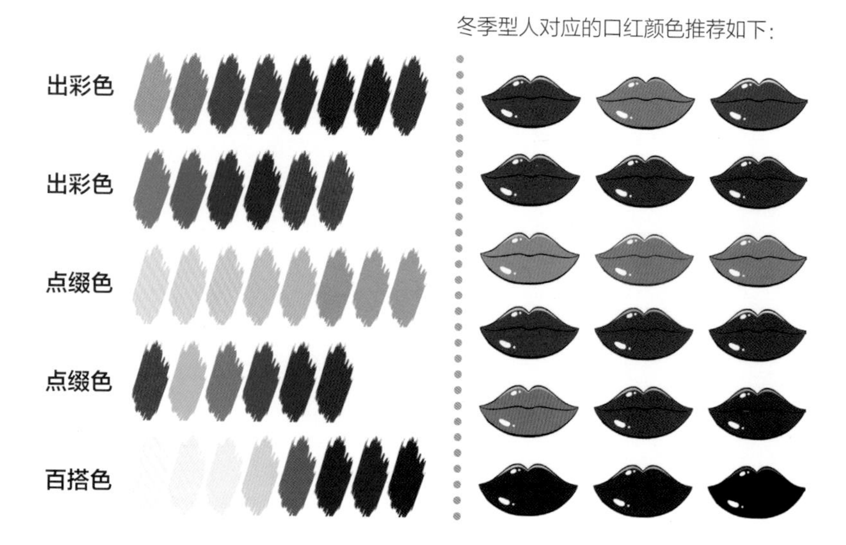